JN196218

What do professional web designers think about,
and how do they create?

デザイナーは何を考え、どう作っていくのか？

Webデザイン
プロセスBook

加藤 千歳 著

Introduction ［はじめに］

ウェブデザインのプロセスは、思っている以上に複雑で、多くのステップを経て完成に至ります。

そのなかでも、私が特によいウェブデザインをするために重要と考えているのが「ワイヤーフレーム」です。デザインの前段階にあるワイヤーフレームこそが、デザインの仕上がりを左右する役割を担っています。そのため本書では、具体的な作例を通し、デザインだけでなくワイヤーフレームから解説を行うことで、その重要性を感じ取っていただきたいと思います。

また、ウェブデザインのプロセスは一度で終わるものではなく、何度もチェックバックを重ねながら改善していくのが常です。クライアントやチームとの対話を通じて、少しずつ洗練されたデザインが生まれていく、そのプロセスこそがデザインの醍醐味です。

私自身、長く独学でウェブ制作を行ってきましたが、過去に猛烈にチェッバックをいただく機会があり、デザインに対する感覚が激変しました。

デザインに完全な正解はありません。だから難しいし、だから楽しい。このデザインがいいなと思える人もいれば、そうでもない人もいるし、このデザインはセオリーじゃないと思っても、思わぬところで思わぬ効果が出ることだってあります。そんななかで指標となるのは、誰に何をどのように伝えるかという原点です。同じデザインや内容でも、見る人や伝え方、その背景によって印象がガラリと変わります。

デザインの添削では「これをやればこんなに変わる」といった必殺技や裏技的なものはありません。私のチェックでは、とにかく細かなところの調整や見る人の違和感を徹底的になくしていくところからはじめていきます。また、ユーザーが、どのような状況でどう感じるかを考え、脳科学や心理学の効果についても取り入れたチェックバックを行っています。

本書では、パラパラと作例を眺めて終わるのではなく、デザインのチェックポイントについて理解を深め自分自身でもセルフチェックができるように「ウェブデザイン制作時に気をつけたいこと」についても書きまとめました。

既存の概念にこだわらずに、手（手法）を変え、品（素材、フォント）を変え、完璧でなくても頭の中だけで考えるのではなく、まずはあれこれとたくさん手を動かしてみてください。そのたくさん手を動かしたなかからデザインの理論や感覚が掴めてくるはずです。

それまで、この本がみなさんのお役に立つことができれば幸いです。

ぜひ一緒に、ウェブデザインのプロセスを楽しみましょう！

加藤 千歳

Contents［目次］

パテントネクサス国際特許事務所
思い描く未来を一緒に守り抜く、
知的財産保護の専門家
特許出願
意匠出願
商標出願
その他
新着情報
知的財産の可能性を最大限に引き出す
全方位のサポート
知的財産

つながりを創造し、未来をつくる
新着情報
品質をつなぐ
弊社の特徴
辻井電機工業の一貫管理体制
製品をつなぐ
事業紹介

Joli Chouchou
アイテム
コンセプト
シーズンコレクション
お知らせ
ご利用ガイド
カワイイ!!
だけじゃない
肌にやさしく 快適に 過ごす毎日
Information
New Arrivals
For your precious family
Committed to Quality
ジョリーシュシュのこだわり
健康への配慮
おしゃれなデザイン
お出かけが楽しくなる

SHOPPING
MEDIA
SERVICE
ABOUT
HIKELIMER'S
FOR
HIKELIMER'S
SHOPPING
夏山の暑さ対策
登山ガイドのスタッフがおすすめする携帯必須アイテム

Chapter 3　事例集：シングルページ

採用エントリー
さくら病院
採用サイト
あなたが輝けば、
チームが輝く
このまちの医療を、私たちの手で
当院について
さくら病院のしごと
研修・キャリアアップ

なないろやさい農園
一緒に働く農業スタッフを募集しています
なないろやさい農園の日常
なないろやさい農園とは？
わたしたちのこだわり
毎日なないろのやさいを
食べてもらいたい
4つのサポート

Chapter 5　バナー

Composition [本書について]

ウェブデザインができあがるまでには、いくつかのプロセスがあります。実際の現場では、すべてを一人で行うことは稀で、流れの一部を担当することが多いのですが、全体の流れを踏まえて作業にあたることができれば、全体の中での自分の役割が明確になります。

●ウェブデザイン制作のおもな流れ

1　初期調査と打ち合わせ

・ヒアリング　・リサーチ

▼

2　プロジェクトの基盤づくり

・要件定義　・コンセプト策定　・企画立案　・サイト構成作成

▼

3　情報整理と設計図の作成

・情報整理　・ワイヤーフレーム作成

▼

4　ビジュアルデザインの実地

・デザイン制作

この流れの中の「ヒアリング」「ワイヤーフレーム作成」「デザイン制作」を、本書ではメインに解説します。

ヒアリングシート

クライアントとの打ち合わせで、ウェブサイトの目的、ターゲットユーザー、予算、納期、希望するデザインや機能などを詳しく聞きます。この情報を元にリサーチを行ったり、サイト構成を考えたりします。

ワイヤーフレーム

サイトの骨格を視覚的に示すワイヤーフレームを作成します。各ページのコンテンツ、メニューや CTA ボタンなどの要素を配置します。

ウェブサイト全体のコンセプト

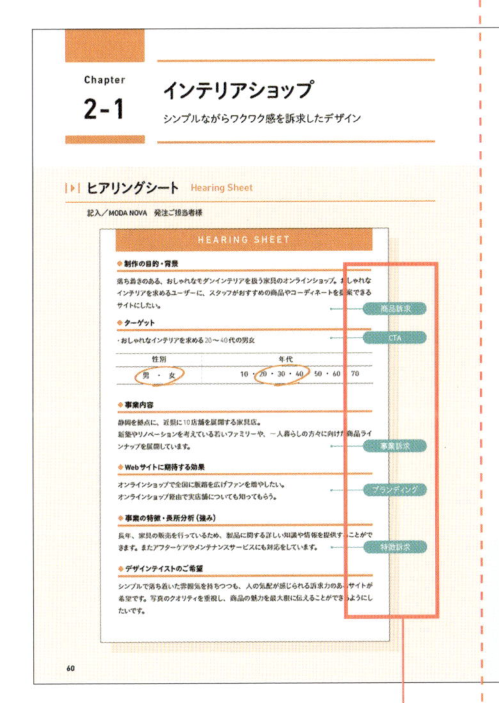

Chapter 2-1

インテリアショップ

シンプルながらワクワク感を訴求したデザイン

ヒアリングシート Hearing Sheet

記入／MODA NOVA　発注ご担当者様

HEARING SHEET

◆制作の目的・背景

落ち着きのある、おしゃれなモダンインテリアを扱う家具のオンラインショップ。おしゃれなインテリアを求めるユーザーに、スタッフがおすすめの商品やコーディネートを提案できるサイトにしたい。

◆ターゲット

・おしゃれなインテリアを求める20～40代の男女

性別	年代
男・女	10・20・30・40・50・60・70

◆事業内容

静岡を拠点に、近県に10店舗を展開する家具店。
新築やリノベーションを考えている若いファミリーや、一人暮らしの方々に向けた商品ラインナップを展開しています。

◆Webサイトに期待する効果

オンラインショップで全国に販路を広げファンを増やしたい。
オンラインショップ経由で実店舗についても知ってもらう。

◆事業の特徴・長所分析（強み）

長年、家具の販売を行っているため、製品に関する詳しい知識や情報を提供することができます。またアフターケアやメンテナンスサービスにも対応をしています。

◆デザインテイストのご希望

シンプルで落ち着いた雰囲気を持ちつつも、人の気配が感じられる訴求力のあるサイトが希望です。写真のクオリティを重視し、商品の魅力を最大限に伝えることができるようにしたいです。

60

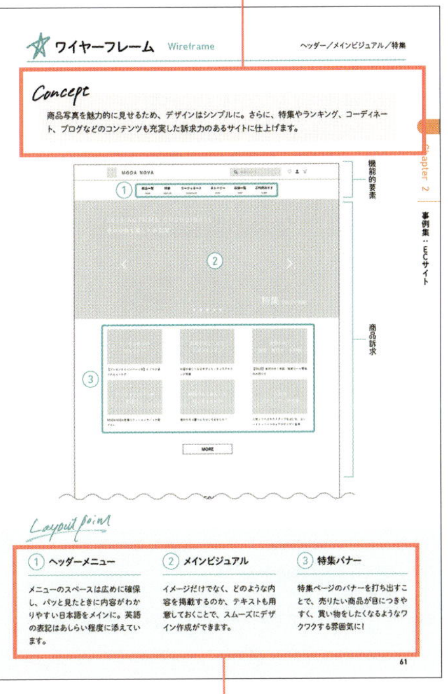

ワイヤーフレーム Wireframe

ヘッダー／メインビジュアル／特集

Concept

商品写真を魅力的に見せるため、デザインはシンプルに。さらに、特集やランキング、コーディネート、ブログなどのコンテンツも充実した訴求力のあるサイトに仕上げます。

Layout point

① ヘッダーメニュー

メニューのスペースは広めに確保し、パッと見たときに内容がわかりやすい日本語をメインに。英語の表記はあしらい程度に添えています。

② メインビジュアル

イメージだけでなく、どのような内容を掲載するのか、テキストも用意しておくことで、スムーズにデザイン作成ができます。

③ 特集バナー

特集ページのバナーを打ち出すことで、売りたい商品が目につきやすく、買い物をしたくなるようなワクワクする雰囲気に！

61

ヒアリングシートから読み取った情報をウェブサイトにする際、どのような役割を果たすのかを記しています（情報整理）

作成者がどのような意図でワイヤーフレームを設計したのかポイント別にまとめています

デザインカンプ（1st テイク）

ワイヤーフレームを元に、画像やレイアウトを施したデザイン初案です。粗削りな部分もあるため、ここからチェックバック&調整を行い、デザインを確定していきます。

確認担当からのチェックバック

デザインカンプ Design - 1st Take
ヘッダー／メインビジュアル／特集／カテゴリー
①メニューまわりをゆったりと見やすくしたいです。日本語は太字に、英字は色を少し薄くして強弱を
②アイコンが見づらいです
④おしゃれだけどシンプルすぎるかも。もっと購買意欲をそそる「売れている感」のあるバナーデザインに変更
②背景がグレーなこともあって、ワイヤーフレームのようで無機質な印象です
⑤大小の丸がアンバランスです
CATEGORY
First check
ワイヤーフレームのような無機質な印象
全体的にワイヤーフレームに引っ張られている印象です。配色を再検討し、メリハリをつけましょう。モノクロベースでグレーの面積が多いこともあってか、どこか無機質な雰囲気です。
Color
#000000
#f0f0f0
#ffffff
66

方向性や全体の印象など、1st テイクの問題点を、俯瞰の視点から洗い出しています。ウェブデザインならではの指摘があることも

デザインカンプ（ファイナル）

初案からチェックバックを重ね、色やレイアウト、画像を調整したデザイン最終案です。初案と比べると違いが一目瞭然です。

指摘された点をどのように解決したかを解説

デザインカンプ Design - Final
ヘッダー／メインビジュアル／特集／カテゴリー
①メニューの配置を大きく変え、テキストサイズや英字配色も調整。メニューがスッと目に入りやすくなりました
③アイコンだけでも伝わるので日本語はカット。アイコンの線を太くしてやや大きめに配置
④バナーにしたことで、思わずクリックしたくなるような、にぎやかな雰囲気に。画像のサイズに差をつけてメリハリも
②背景色をベージュ系に変更
⑤写真のサイズを均一にしたことで、テキストの配置も揃い、違和感を解消。カテゴリ間のラインもカットし、スッキリしました
Autumn Coordinate
CATEGORY
Cool !!
配色とレイアウトを変更し、温かみをプラス！
背景は薄いベージュで温かみを持たせ、ファーストビューのレイアウトはサイドメニューに変更。ガラリと雰囲気が変わり、つい買い物をしたくなるにぎやかな雰囲気になりました。
Before
After
Color
#1b1b1b
#f3eeec
#fcfcfc
67
Chapter 2
事例集：ECサイト

クライアントの要望に合ったデザインに仕上げるため、どのような調整を行ったかを解説。全体の方向性から細かい指摘まで

調整の軌跡

カンプ初案→最終に仕上げるまでに、どのようなプロセスを経たかを紹介。実際の現場では、このようなトライ＆エラーを何度も何度も行うことが常です。

初案からいきなり最終になるわけではなく、実際の現場は何度もトライアンドエラーを繰り返しています。そのプロセスをわかりやすく紹介

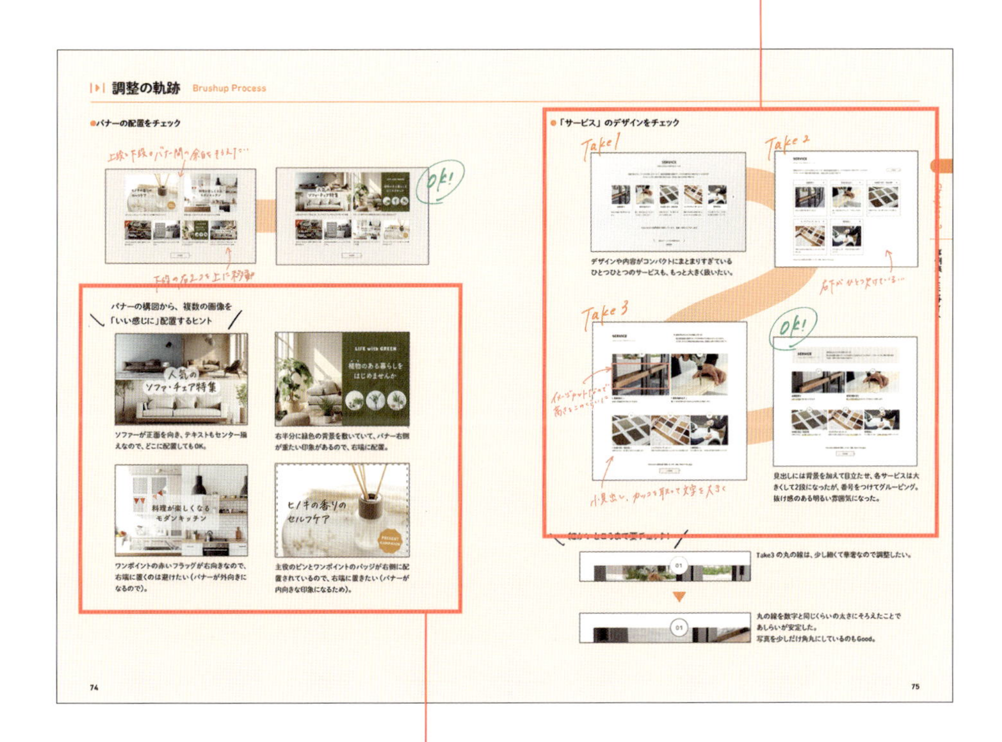

調整の軌跡 Brushup Process

●バナーの配置をチェック

バナーの構図から、複数の画像を「いい感じに」配置するヒント

ソファーが正面を向き、テキストもセンター揃えなので、どこに配置してもOK。

右半分に緑色の背景を敷いていて、バナー右側が重たい印象があるので、右端に配置。

ワンポイントの赤いフラッグが右向きなので、右端に置くのは避けたい（バナーが外向きになるので）。

主役のビンとワンポイントのバッジが右側に配置されているので、右端に置きたい（バナーが内向きな印象になるため）。

74

●「サービス」のデザインをチェック

デザインや内容がコンパクトにまとまりすぎている ひとつひとつのサービスも、もっと大きく扱いたい。

見出しには背景を加えて目立たせ、各サービスは大きくして2段になったが、番号をつけてグルーピング。抜け感のある明るい雰囲気になった。

Take3 の丸の線は、少し細くて華奢なので調整したい。

丸の線を数字と同じくらいの太さにそろえたことであしらいが安定した。
写真を少しだけ角丸にしているのもGood。

75

知識として役立つ、レイアウトやバランス調整のコツを解説していることも

Glossary ［用語解説］

本書の解説に登場する「ウェブデザイン用語」について紹介します。一通り目を通してから読み進めると、理解がさらに深まります。

用語	解説
ヒアリング	クライアントとの打ち合わせで、ウェブサイトの目的、ターゲットユーザー、予算、納期、希望するデザインや機能などを詳しく聞きます。
リサーチ	クライアントの業務や業界について理解を深め、ターゲットユーザーの行動パターンやニーズを分析。競合サイトや市場動向についても情報を集めます。
企画立案	目的の決定と、そのためにどのようなコンテンツが必要か、サイトの各ページの内容や機能についてアイデアを出します。また、制作スケジュールについても計画します。
コンセプト策定	サイト自体の方向性やデザインについてベースとなる考え方や構想を固めます。
要件定義	ウェブサイトに必要な機能やコンテンツを具体的に定義し、サイトの目的達成に必要な要素についてもリストアップします。 （たとえば、ECサイトなら商品検索・カート・決済機能など）
サイト構成作成	サイトマップを作成し、サイトの全体構造を視覚化します。 各ページの役割や配置、リンクの関係を整理し、サイトのナビゲーションを設計します。

用 語	解 説
情報整理	掲載するコンテンツを整理し、どの情報をどのページに配置するかを決定します。
ワイヤーフレーム作成	サイトの骨格を視覚的に示すワイヤーフレームを作成します。各ページのコンテンツ、メニューやCTAボタンなどの要素を配置します。デザイン前にクライアントと確認し、修正が必要な箇所を洗い出します。
デザイン制作	ワイヤーフレームをもとに、サイト全体のデザインやトーン＆マナー、具体的なビジュアルデザインを作成します。チェックバックを重ね、調整を行い、デザインを確定します。
ブランディング	企業そのもの、または商品やサービスに対する認知度やイメージを形成し、消費者や社会に対して特定の価値や感情を伝えるための活動や戦略。
各種訴求	商品、特徴、事業、店舗、プラン、サービスなど、企業が提供するさまざまな要素について、消費者に対して価値や利点をアピールすること。
企業姿勢	企業がどのような理念や価値観に基づいて事業を展開し、社会や顧客に対してどのように対応するかを示すこと。
機能的要素	本書では、新着記事やフッターの表示などホームページの機能として設置しているコンテンツを指しています。
基本情報	アクセスや料金など、企業や製品などの基本情報。

Downlord ［購入者特典について］

本書の購入者ダウンロード特典は下記の URL より入手することができます。ダウンロードにあたっては、下記の URL の記述に従ってください。

https://socym.co.jp/book/1488

ダウンロード特典には下記のデータが含まれています。各データの活用法用につきましては、右ページを参照してください。学習のサポートになるものから、実践のウェブデザイン制作で役立つものまで、便利でうれしい特典となっていますので、ぜひご活用ください。

❶ 作例サイトの画像データ
❷ ワイヤーフレームの PDF データ
❸ 練習用素材
❹ バナーのテキストデータ
❺ デザインチェックシート

ダウンロードデータについて

■ダウンロードで提供しているデータは、本書をお買い上げくださった方がデザインを学習するためのものであり、フリーウェアではありません。学習以外の目的でのデータ使用、コピー、配布・販売は固く禁じます。

■ダウンロードしたデータは Zip 形式で圧縮されています。展開の際にパスワードを求められましたら「processbook」と入力してください。

ダウンロード特典の活用方法

❶ 作例サイトの画像データ

紙面で紹介しているデザインカンプの 1st テイク／ファイナルの画像データ（PNG 形式）です。紙面では見えづらい箇所がありましたら、画面上でご確認ください。

❷ ワイヤーフレームの PDF データ

紙面で紹介しているワイヤーフレームの PDF データです。ワイヤーフレーム制作の際に参考としてご活用ください。また、テキストをコピー＆ペーストして、作例デザインを実際に作ってみるのもおすすめです。

❸ 練習用素材

紙面で紹介しているデザインカンプに使用されているロゴデータです。デザイン制作の練習用としてご活用ください（提供可能なデータのみ配布のため、写真等は含まれていません）。

❹ バナーのテキストデータ

5 章で紹介しているバナーのテキストデータです。デザイン制作の練習用としてご活用ください。

❺ デザインチェックシート

6 章のチェック項目を 1 枚にまとめたチェックシートです。ワイヤーフレームやデザイン制作で気を付けたい「88 のポイント」をチェック項目にして 1 枚のシートにまとめました。デザイン制作で困ったときや、見直しの際にご活用ください。セルフチェックはもちろん、社内チェックにも使えます。

免責事項

■本書の一部または全部について、個人で使用する他は、著作権上、著者およびソシム株式会社の承諾を得ずに無断で複写／複製することは禁じられています。

■本書の内容の運用によって、いかなる障害が生じても、ソシム株式会社、著者のいずれも責任を負いかねますので、あらかじめご了承ください。

■本書中の作例に登場する商品や会社・店舗・施設名、住所等はすべて架空のものです。

■紙面に掲載しているカラー値は参考値です。表示環境やモニターなどによって、紙面の色と見た目が異なる場合があります。カラー値はあくまで参考としてご活用ください。

Chapter 1

事例集：
コーポレートサイト

Chapter 1-1

国際特許事務所

専門性をアピールする訴求力と信頼感のあるデザイン

ヒアリングシート Hearing Sheet

記入／パテントネクサス国際特許事務所　発注ご担当者様

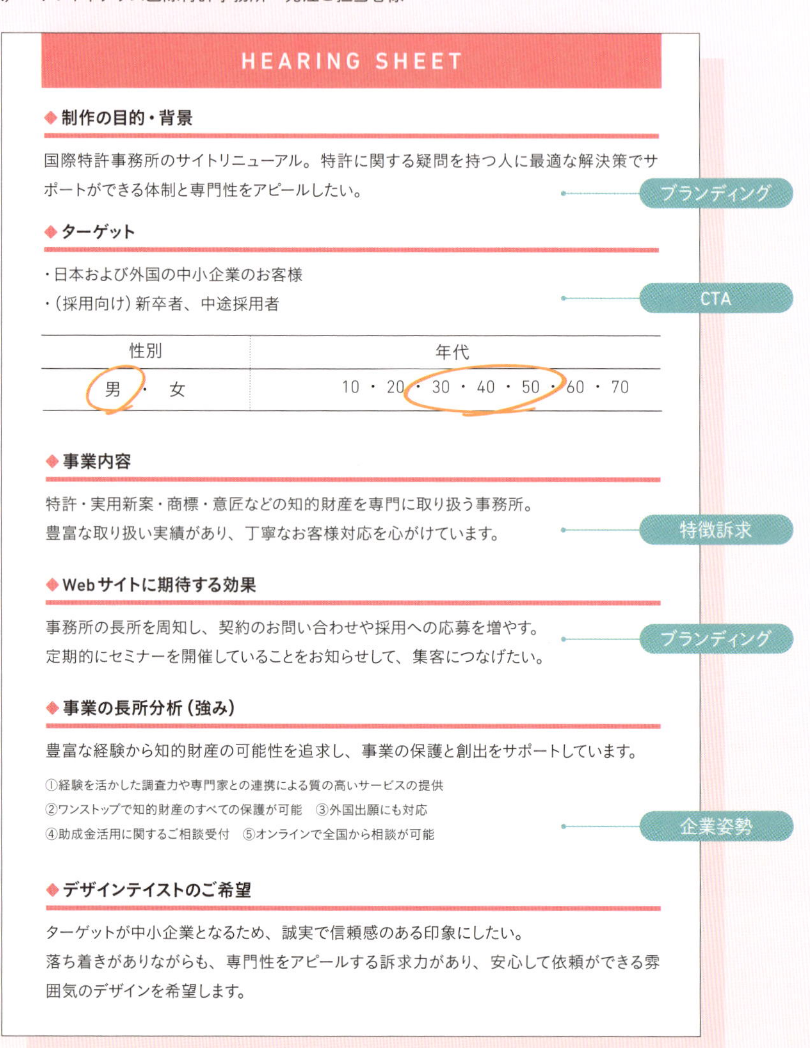

HEARING SHEET

◆制作の目的・背景

国際特許事務所のサイトリニューアル。特許に関する疑問を持つ人に最適な解決策でサポートができる体制と専門性をアピールしたい。

◆ターゲット

・日本および外国の中小企業のお客様
・（採用向け）新卒者、中途採用者

性別	年代
男・女	10・20・30・40・50・60・70

◆事業内容

特許・実用新案・商標・意匠などの知的財産を専門に取り扱う事務所。
豊富な取り扱い実績があり、丁寧なお客様対応を心がけています。

◆Webサイトに期待する効果

事務所の長所を周知し、契約のお問い合わせや採用への応募を増やす。
定期的にセミナーを開催していることをお知らせして、集客につなげたい。

◆事業の長所分析（強み）

豊富な経験から知的財産の可能性を追求し、事業の保護と創出をサポートしています。

①経験を活かした調査力や専門家との連携による質の高いサービスの提供
②ワンストップで知的財産のすべての保護が可能　③外国出願にも対応
④助成金活用に関するご相談受付　⑤オンラインで全国から相談が可能

◆デザインテイストのご希望

ターゲットが中小企業となるため、誠実で信頼感のある印象にしたい。
落ち着きがありながらも、専門性をアピールする訴求力があり、安心して依頼ができる雰囲気のデザインを希望します。

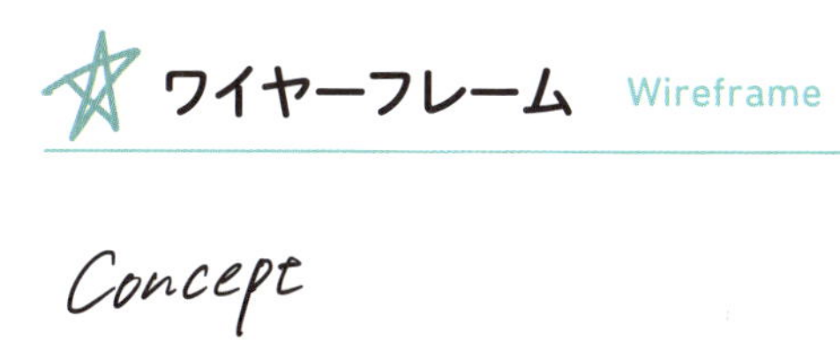

ワイヤーフレーム Wireframe

Concept

事業の特徴から業務内容まで、コーポレートサイトとして基本情報がスムーズにわかるように、コンテンツの「流れ」を意識。ビジターが自然に読み進められるようなデザインを目指します。

Layout point

① CTAボタン

デザインで大きく扱ってほしいことがわかるように、ワイヤーフレームにボタンを大きく配置しています。

② ヘッダーメニュー

メニューの間のスペースはゆったりと広めに。できるだけワイヤーフレームでも見やすいレイアウトにしておきます。

③ 「取扱業務」の配置

業務内容がすぐにわかり、依頼を検討している人がスムーズに該当ページへリンクができるよう大きく配置。

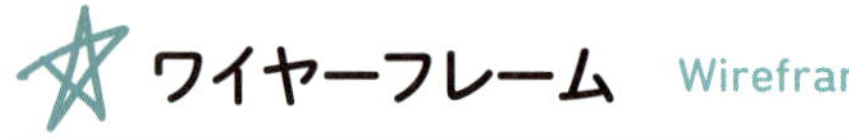

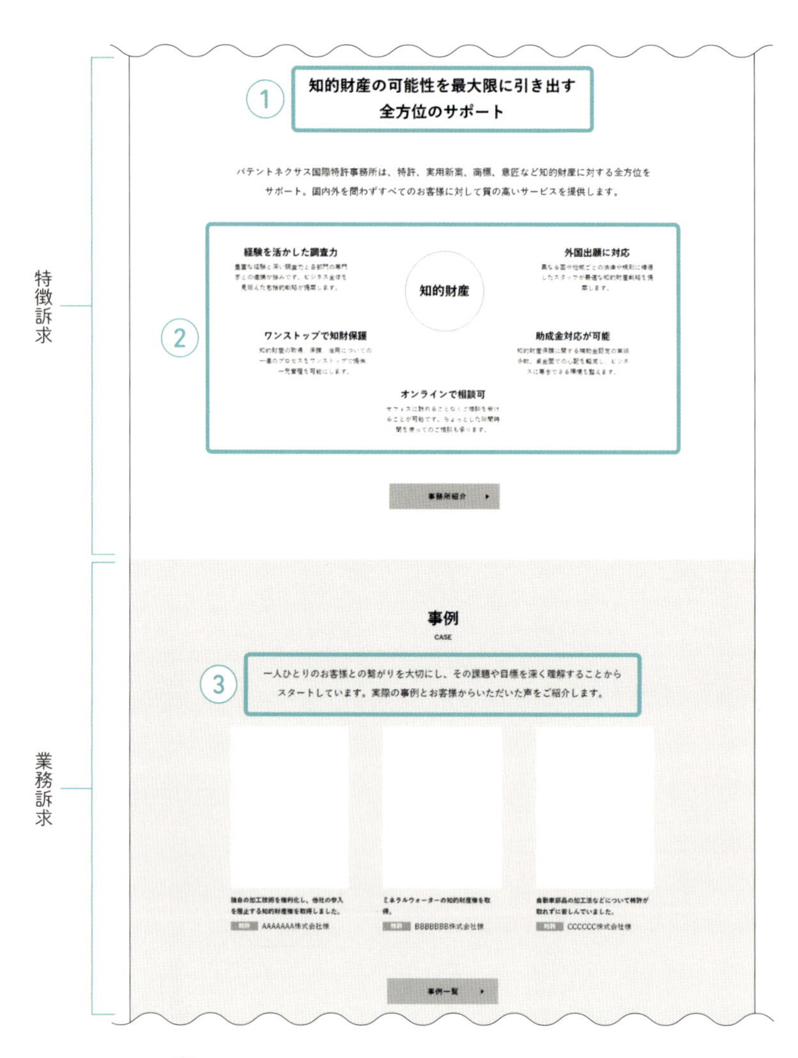

Layout point

① 特徴を伝える見出し

他と差別化したアピールができるよう力のある具体的な文章を大きく配置。

② 配置の工夫

中央の円を囲むように詳細をレイアウトし、知的財産を全方位からサポートするイメージを表現しています。

③ リード文

リード文が一文入ることで、見出し → 紹介と、唐突にならず、丁寧な印象に。デザインした際にもバランスがよくなります。

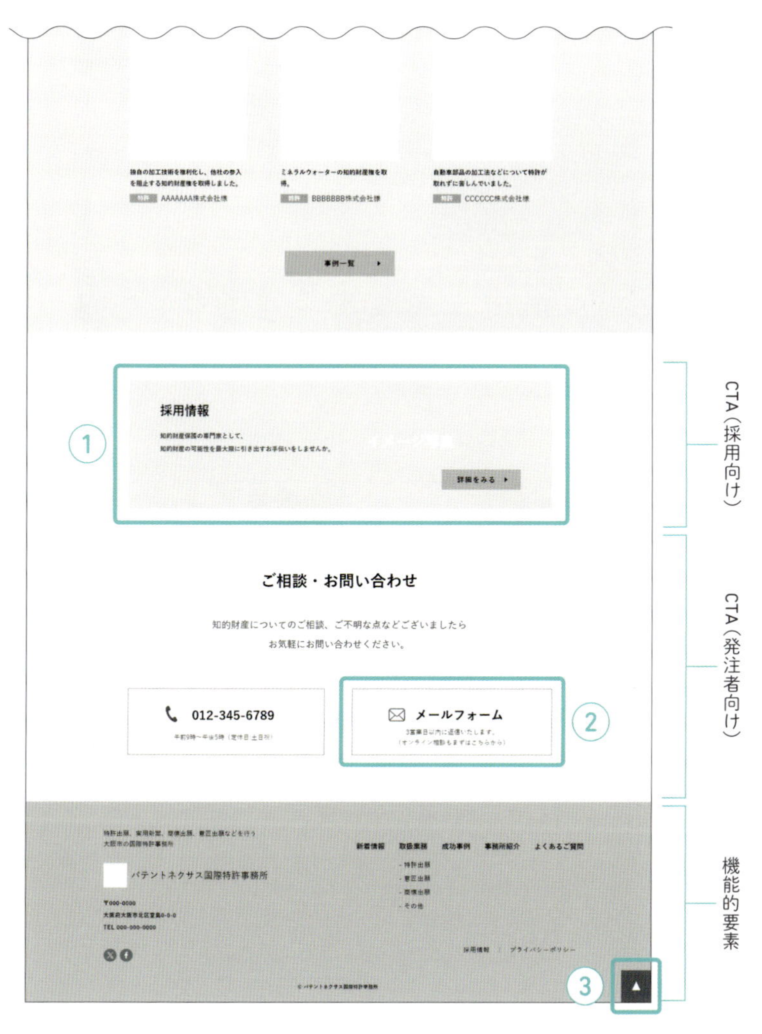

Layout point

① 採用情報

採用情報への導線となるバナーを配置。募集がないときには、バナーごと非表示にするよう想定しています。

② お問い合わせ

「3営業日以内に返信いたします」と書かれていることで、ユーザーは連絡が来るまでの目安がわかり、待つ時間に対する期待を適切に管理できます。

③ ページトップボタン

ワイヤーフレームにも、あらかじめ入れておくことで、デザインする際に「うっかり抜けていた」を防ぐことができます。

デザインカンプ Design - 1st Take

First check

明朝体や角張ったあしらいが硬い印象

テキストがすべて明朝体のため硬く、ベタ塗りの部分も目立つので重い感じがします。角張ったあしらいや濃い色の面積を調整して安心感を与えるデザインに持っていきたいです。

Color

- #ae9d6b
- #1b2a55
- #f5f7fb

デザインカンプ Design - Final

ヘッダー／メインビジュアル／新着情報

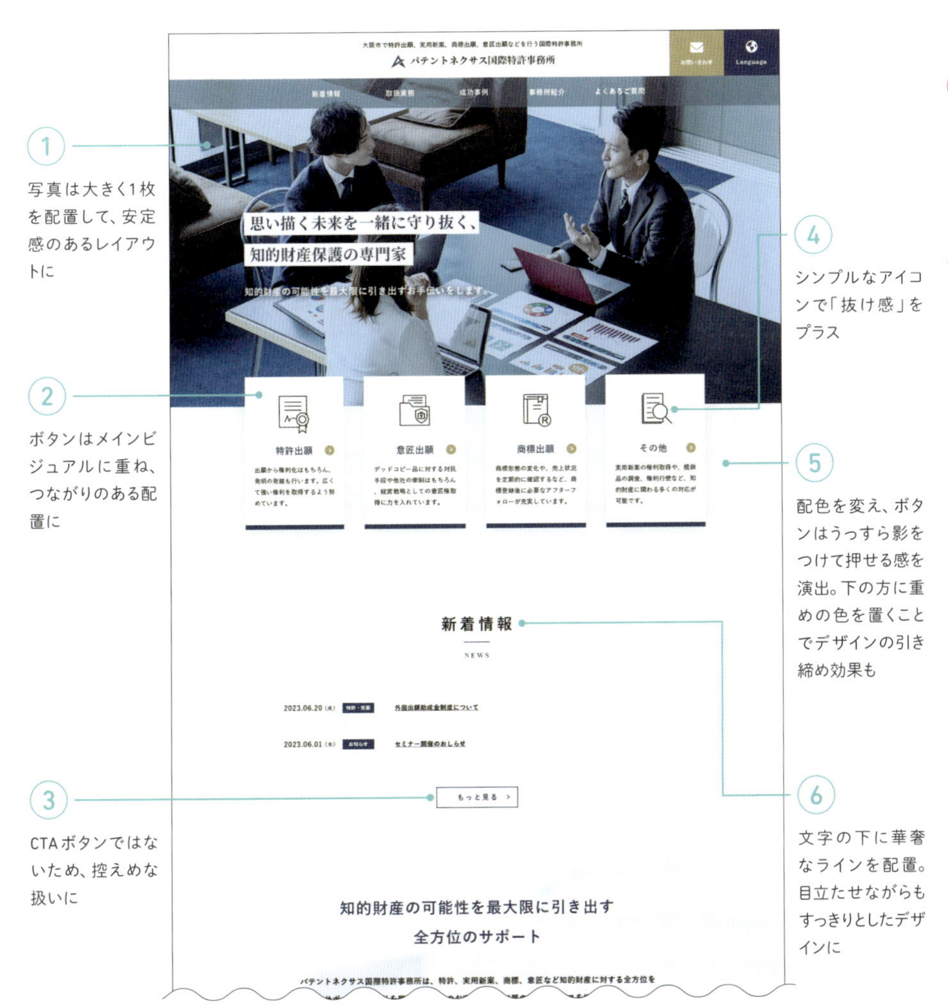

ゴシック体をメインにして、安定感のあるデザインに

フォントはゴシック体を基本とし、強調したい部分だけに明朝体を使用。べた塗りや尖ったあしらいを見直し、誠実で信頼感のある印象になりました。

デザインの雰囲気にマッチするよう、線画のシンプルなアイコンをセレクト

Before

After

カラーの配分を変更。紺色を減らし、「さわやかな抜け感」を演出した

デザインカンプ Design - 1st Take

① テキストのまわりに細かな点が散らばっているため読む時のノイズになります

② ベタ塗りが重たい印象です

③ こちらもベタ塗りで重い印象

④ ビジュアルの雰囲気のみで、流し見しそう。さらに細かい文字が横に長すぎて読みにくいです

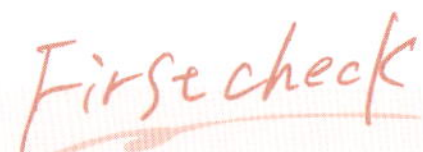

視覚的な焦点が分散すると読みづらい

視野内に多くの視覚情報が存在すると、焦点が分散し読むべき文字に集中しづらくなります。文字を読みやすくできるように、テキストまわりにはゆったりと余白をあけて、できるだけ文字の認識を妨げないようにしましょう。

パテントネクサス国際特許事務所は、特許、実
サポート。国内外を問わずすべてのお客

文字の背景に入れるテクスチャは、読む際のノイズにならないかを確認しましょう

デザインカンプ Design - Final

1 読む際のノイズにならないよう、柔らかい雰囲気の色合いに調整した写真を背景に

2 重たい印象にならないように、円はゴールドのグラデーションに。上部を淡色にすることで「知的財産」を読みやすく、下部を濃色にすることで安定感を確保しています

3 大きな円の上に特徴を配置し、全方位のイメージに

Cool !!

コンテンツを流し見しないような工夫

「知的財産」の5項目はアイキャッチになる数字の追加と、枠の配置をずらし段差をつけることで視線誘導の効果をつけました。さらに、文字だけだと味気ないので、円形に切り抜いた写真をアイキャッチ的に配置しました。

経験を活かした調査力

少しだけ角のあるあしらいは全体が柔らかくなりすぎないスパイスの役割に。色も濃色のベタで引き締めて

デザインカンプ Design - 1st Take

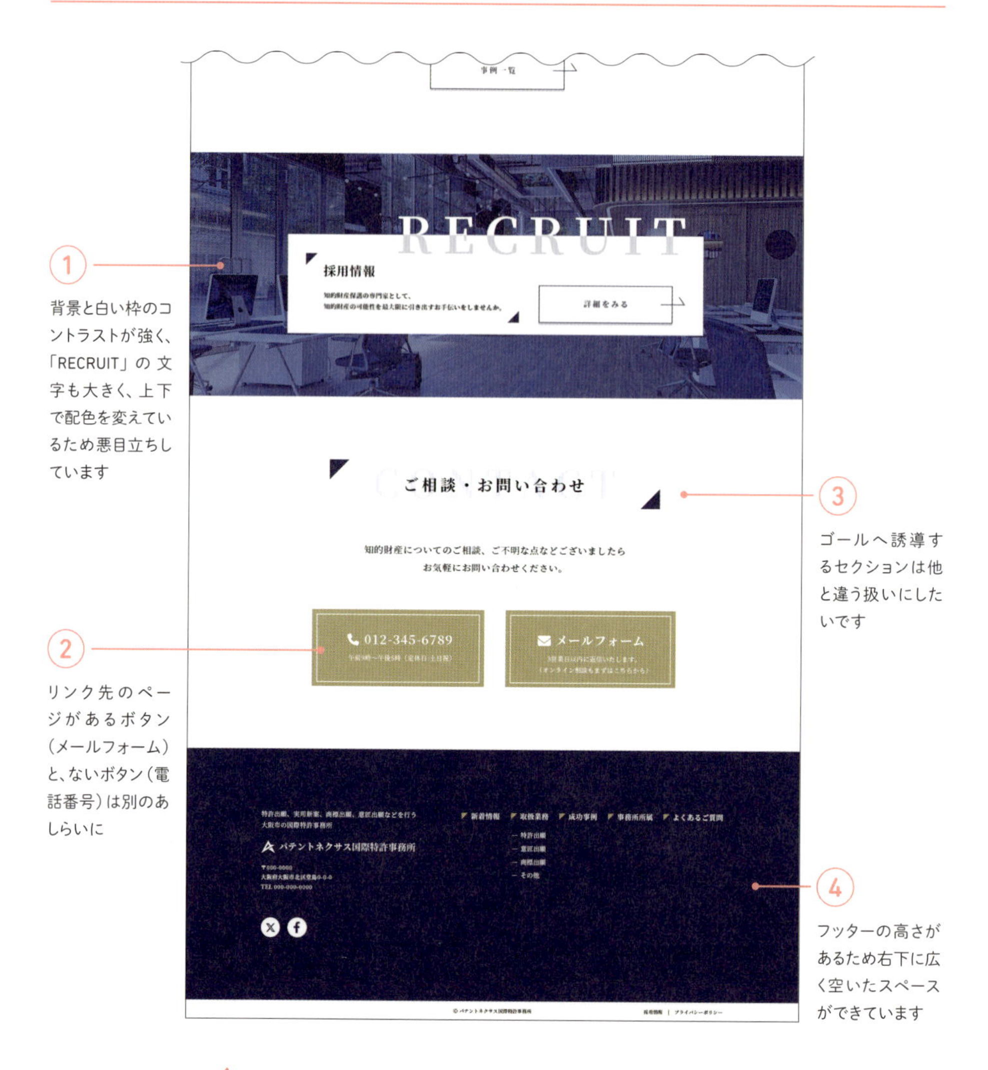

First check

余白のバランスを見直し、情報の密度を均一に

中央のコンタクト情報部分には空白が多く、フッター部分はベタ塗りで重くなっていてアンバランスな印象です。間延びしないような余白に調整して、ベタ塗り以外のデザインを検討しましょう。

①
特別に強調しなくてもよいため、すっきりと落ち着いたデザインに変更。青1色だとさびしいのでゴールドを差し色に

②
リンク先のある「メールフォーム」のみをゴールドに。その他は紺色ですっきりまとめました

③
「採用情報」と「お問い合わせ」は、ゴールにつながる導線のため、紺色を多めに使ったり、背景を変えたりして他と差別化

④
フッターは高さとレイアウトを調整して間延びを回避

Cool !!

縦の配置を揃え、整理整頓された印象

「採用情報」と「お問い合わせ」の左右で区切る位置を同じにすることで縦のラインが揃い、サイトの見た目や情報が整理整頓された印象を受けます。

区切る位置がセンターでそろっています

調整の軌跡 Brushup Process

●デザインの方向性が決まるまで

Take1

フォントの明朝体、角張ったあしらい、濃い色が相まって、全体的に硬い印象。もっと安心感のある印象にしたい（詳細はP.24参照）。

Take2

項目名を引きたてるため、数字トル

●「特徴」の見せ方ができるまで

Take1

背景色と紺のコントラストが強すぎて重い印象。説明文の文字も横長すぎて読みにくく、焦点が分散しそう（詳細はP.26参照）。

Take2

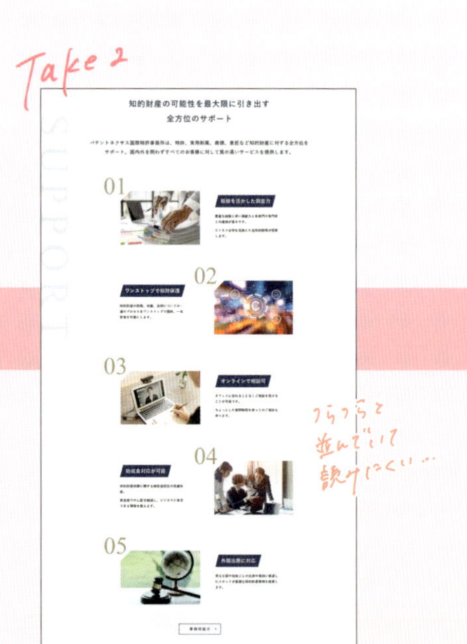

フラフラと並んでいて読みにくい…

紺とゴールドの2色をベースにして、メリハリを利かせたデザインに。情報の周囲は余白を広くとることで、読み手への伝達スピードをアップ。

特徴それぞれをコンパクトにまとめ、ぱっと見で5つあることがわかるように。背景にグラデーションの円を配置しているため、これらが「かたまり」であることもすぐに伝わる。

Chapter
1-2

介護施設

「海の近く」をイメージした明るく開放的なデザイン

ヒアリングシート Hearing Sheet

記入／サニーハーバー・ケアホーム　発注ご担当者様

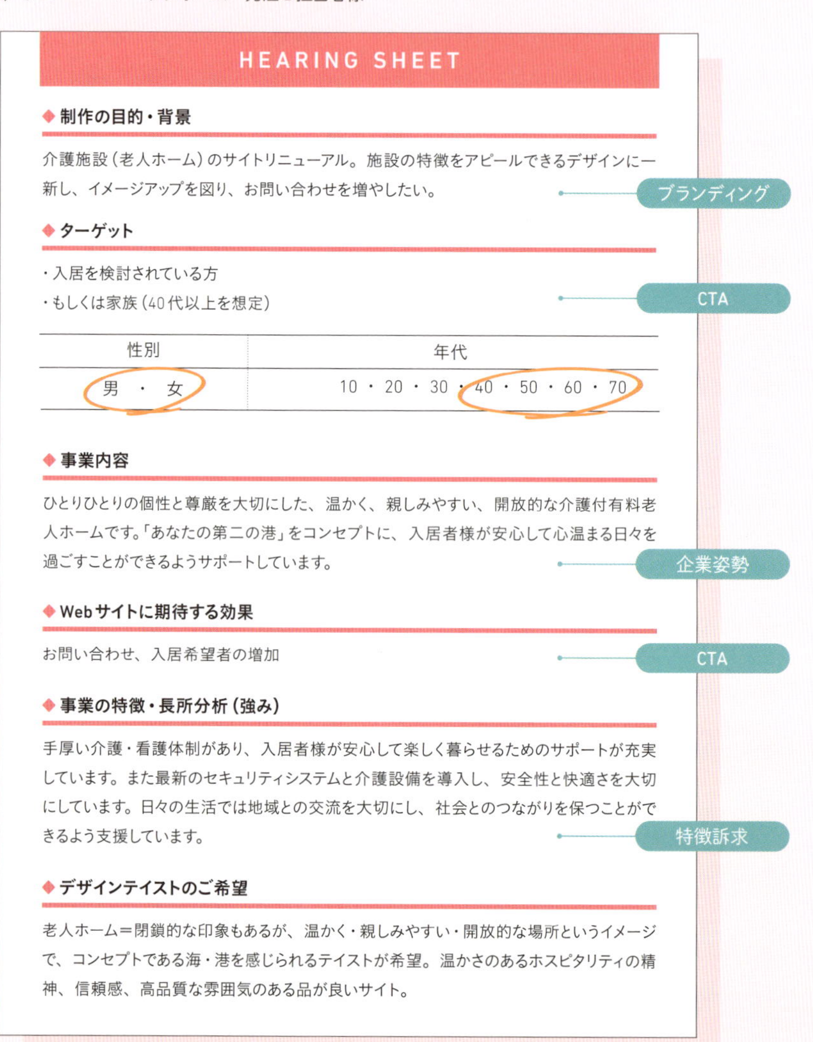

HEARING SHEET

◆ 制作の目的・背景

介護施設（老人ホーム）のサイトリニューアル。施設の特徴をアピールできるデザインに一新し、イメージアップを図り、お問い合わせを増やしたい。

ブランディング

◆ ターゲット

・入居を検討されている方
・もしくは家族（40代以上を想定）

CTA

性別	年代
男・女	10・20・30・40・50・60・70

◆ 事業内容

ひとりひとりの個性と尊厳を大切にした、温かく、親しみやすい、開放的な介護付有料老人ホームです。「あなたの第二の港」をコンセプトに、入居者様が安心して心温まる日々を過ごすことができるようサポートしています。

企業姿勢

◆ Webサイトに期待する効果

お問い合わせ、入居希望者の増加

CTA

◆ 事業の特徴・長所分析（強み）

手厚い介護・看護体制があり、入居者様が安心して楽しく暮らせるためのサポートが充実しています。また最新のセキュリティシステムと介護設備を導入し、安全性と快適さを大切にしています。日々の生活では地域との交流を大切にし、社会とのつながりを保つことができるよう支援しています。

特徴訴求

◆ デザインテイストのご希望

老人ホーム＝閉鎖的な印象もあるが、温かく・親しみやすい・開放的な場所というイメージで、コンセプトである海・港を感じられるテイストが希望。温かさのあるホスピタリティの精神、信頼感、高品質な雰囲気のある品が良いサイト。

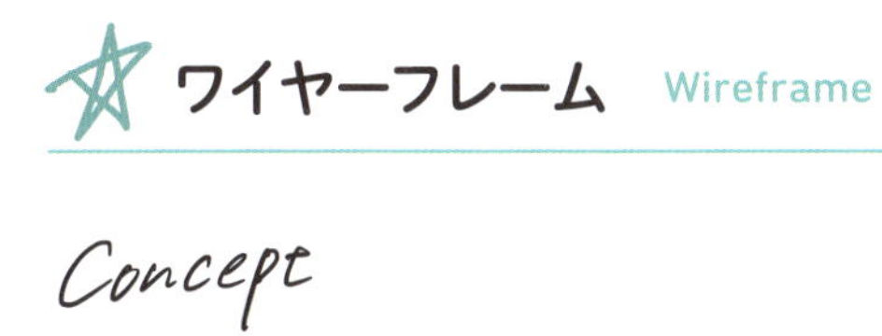

施設の雰囲気をデザインで演出しつつ、必要な情報を整理して見せるようにまとめます。

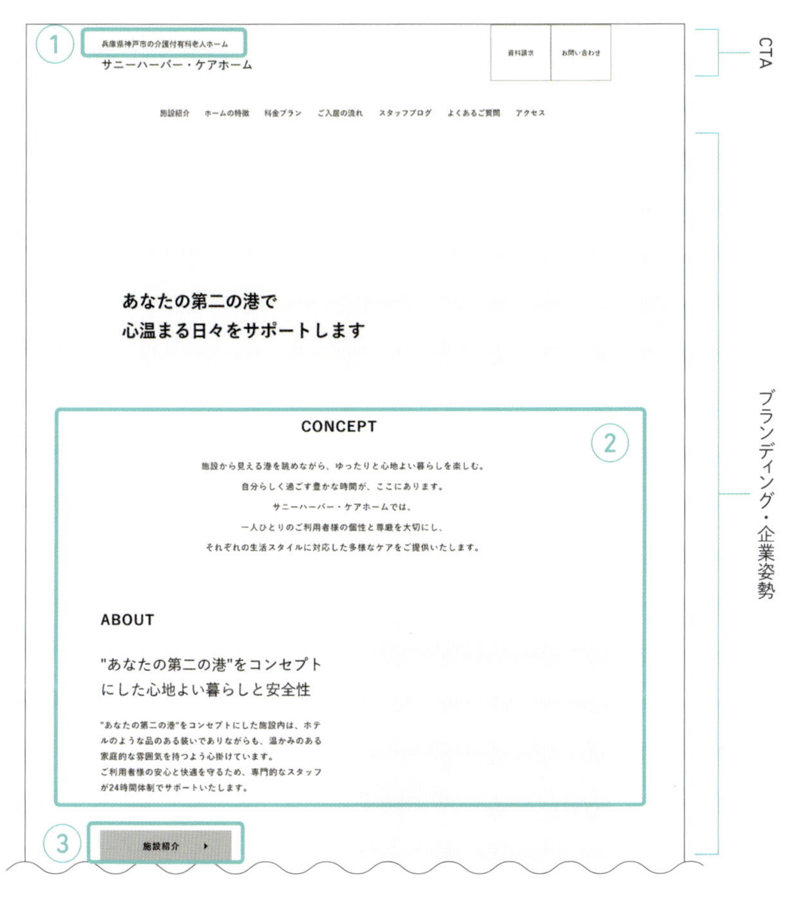

Layout point

① ヘッダー

施設名称の上に所在地と「介護付有料老人ホーム」と記載。何のサイトであるのかすぐわかるようにしています。

② コンセプト

施設の雰囲気を伝え、安心感を与えるコンテンツ。メインビジュアルからの流れで読み進められるようなレイアウトに。

③ ボタンのテキスト

このボタンはどのページに遷移するのか、リンク先の内容がわかる文言にしています。

ワイヤーフレーム Wireframe

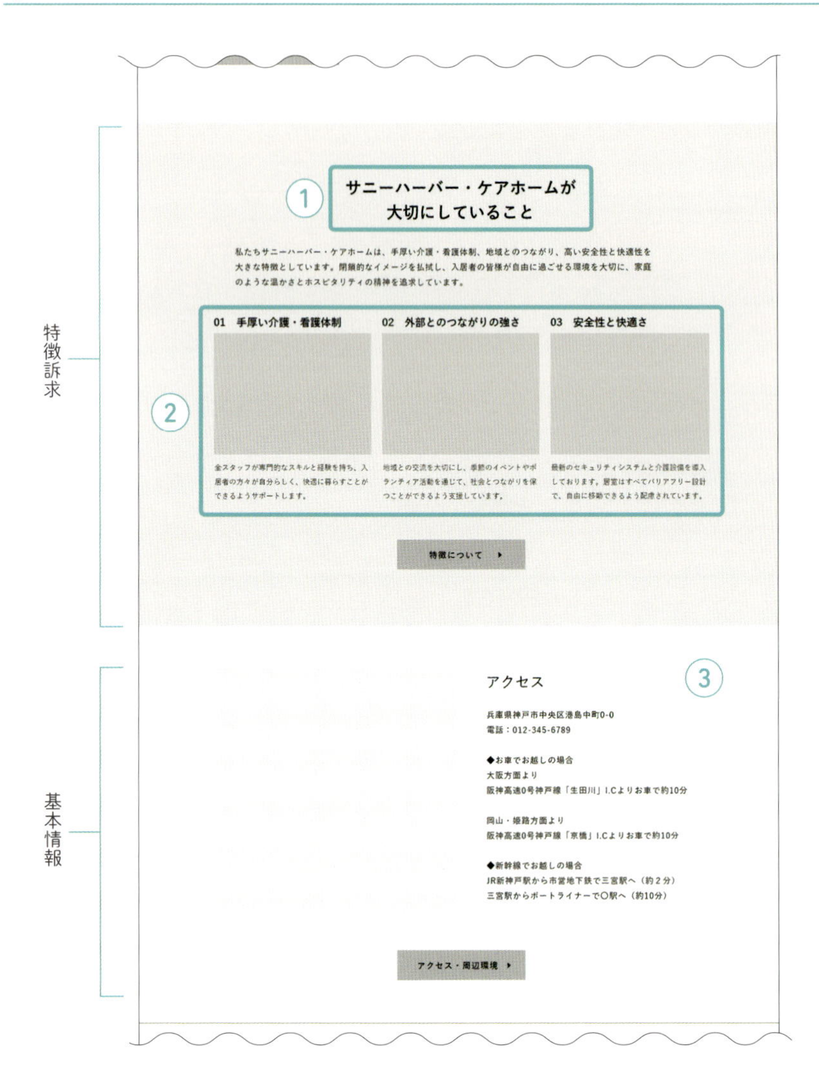

Layout point

① 見出しの文言

施設の価値観や理念を伝えていることがわかり、ケアホームの温かさを感じるような、やわらかな印象の言葉に。

② 3つの特徴

トップページは、下層ページへ誘導するための概要を掲載するゾーンと考え、読みやすい文章量でコンパクトにまとめています。

③ アクセス

介護施設の場合、まず場所を知りたい人も多いと思われるため、トップページに「所在地に関する情報」を掲載しています。

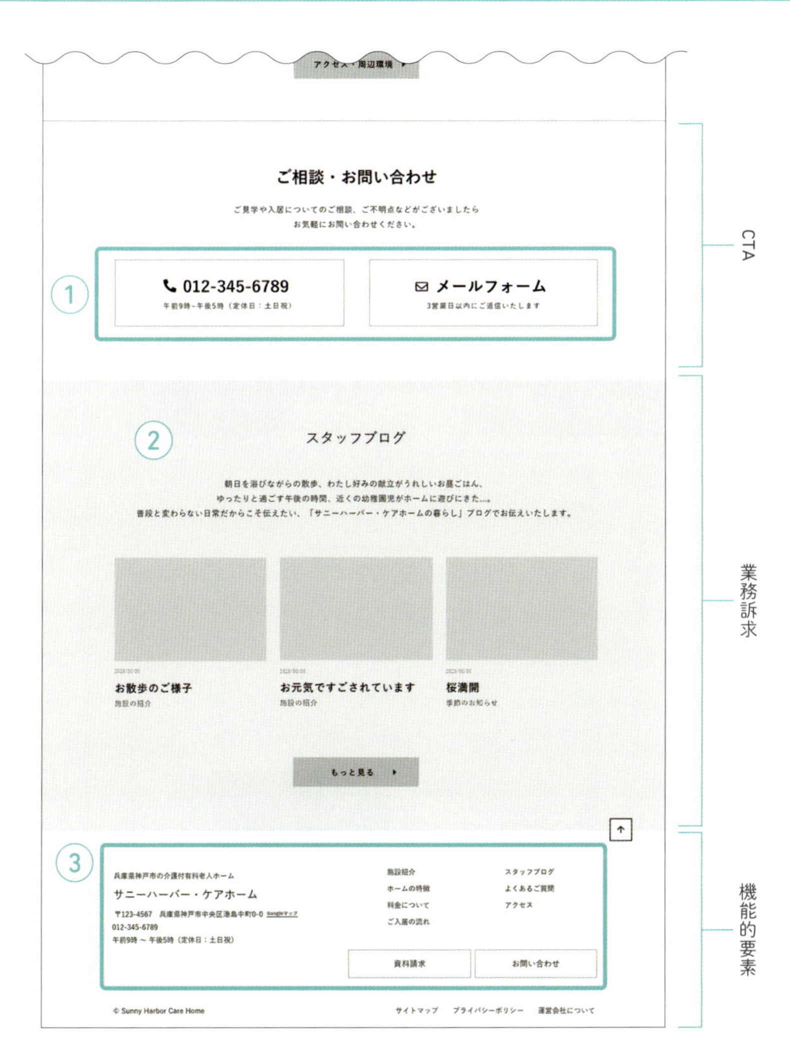

Layout point

① お問い合わせ

年齢層が高いことが考えられるので、ボタンはわかりやすく。電話番号には営業時間や定休日もセットで掲載。

② スタッフブログ

ケアホームの日々の様子を垣間見るようなブログのページを設け、トップページにも「新着記事」を表示します。

③ フッター

左にケアホームの基本情報、右にサイト内のリンクをまとめています。「資料請求」「お問い合わせ」のボタンも大きめに配置。

デザインカンプ Design - 1st Take

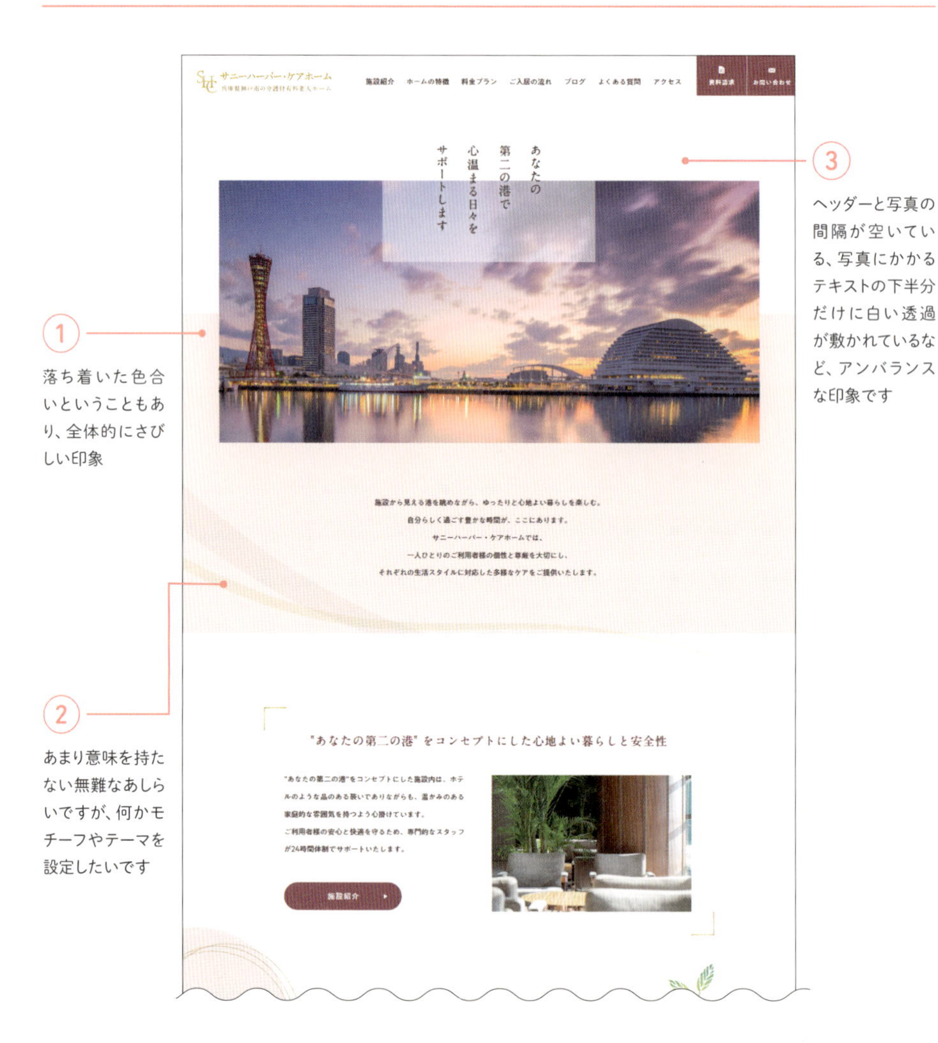

①
落ち着いた色合いということもあり、全体的にさびしい印象

②
あまり意味を持たない無難なあしらいですが、何かモチーフやテーマを設定したいです

③
ヘッダーと写真の間隔が空いている、写真にかかるテキストの下半分だけに白い透過が敷かれているなど、アンバランスな印象です

First check

上品で落ち着きがある反面、どこかさびしげな雰囲気

曲線のあしらいだけでは、施設のイメージを表現しきれず、色合いもさびしい感じがします。ケアホームの雰囲気を表現できるようなモチーフやテーマを設定したいです。

デザインカンプ　Design - Final

1 利用者様の様子が見える写真を追加。形や大きさ、配置をあえてずらして、動きを演出

3 縦書きにして下のセクションへつなげる配置に。背景写真の切れ目をぼかすことで、可読性もキープ

2 海に近い立地のため、「波」「カモメ」をモチーフとしたあしらいを追加

Cool!!

人物写真やモチーフを追加して、さびしさを払拭

「海の近く」という立地にちなんで、全体のモチーフに「波」と「カモメ」を盛り込みました。さらに、人物写真を配置することで温かさと親しみやすさが生まれました。

Before

After

配色は白背景のスペースを増やし、落ち着きすぎてしまう点を改善した

港で暮らし、港を楽しんでいるカモメ!

デザインカンプ Design - 1st Take

① ビジターには施設そのものも気になる情報なので、内観だけでなく外観写真も追加

② 写真イメージだけで流し見してしまいそう。また3つの写真のレイアウトが不安定なのも気になります

③ 無難なレイアウトですがもう一工夫ほしい気がします

④ 空きスペースを図形でごまかしている印象です。情報を整理して、別の見せ方ができないか要検討

First check

単調なレイアウトと抽象的なあしらい

横組みと横位置の写真を並べたレイアウトが続き単調な印象があるので、部分的にテキストを縦組みにしたり、デザインに強弱をつけて変化を出したいです。抽象的なあしらいも避け、具体的なシンボルを盛り込む形に。

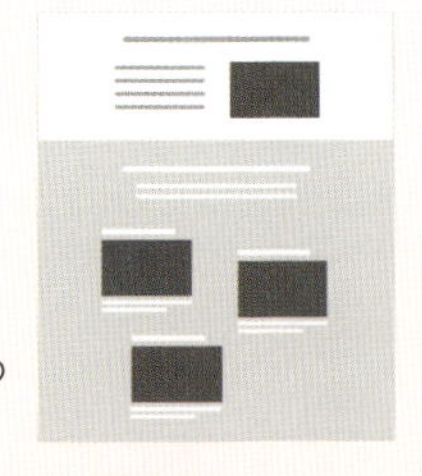

横組み・同じ大きさの写真の配置が続くと単調な印象に

デザインカンプ Design - Final

1 内観写真を大きめに配置し、ケアホームの外観写真を追加

2 情報は横並びに整頓して読みやすく。追加したアイコンはアイキャッチにも

3 明るめの配色にした縦組みの文字が目に飛び込んできます

4 配置を整えて読みやすく。美しい余白もしっかり確保できました

Cool !!

背景や縦組みを工夫してデザインに変化を出した

背景に波やカモメのあしらいを追加。色もぼかしを入れることで、ゆったりとした心地よさを演出しています。また、欧文と和文の縦組みがアクセントになって、縦の流れが生まれ動きが出ました。

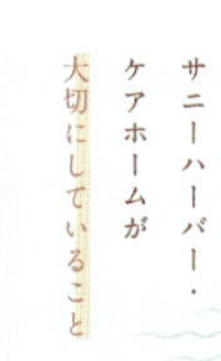

横組みの中に、部分的に縦組みを入れるとアクセントになります

First check

配置がガタガタしていて落ち着かない

上下のコンテンツの縦の配置が中途半端にずれていたり、ボタンが一部だけ背景からはみ出したりして、まとまりがない印象です。そろえられる部分はできるだけそろえるように。

1 セクション間をつなげるあしらい。アクセスに向かってカモメを配置することで、視線誘導の効果も

2 横幅いっぱいに背景写真を広げることで、上下ブロックの間の仕切りの役割も

3 中央部分は同じデザインでもあしらいが加わり印象が変化

4 ここだけ落ち着いたトーンにして目を引くエリアに

Cool !!

デザインを一新して安定感が生まれた

アクセス内の地図の右端と、「ご相談・お問い合わせ」セクションのセンターがそろうようにデザインを変更したことで、レイアウトがガタガタすることなく、安定感が生まれました。

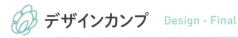

地図の右端が、お問い合わせボタンのセンターとそろっている

デザインカンプ Design - 1st Take

①
波を連想するあしらいですが、すこし野暮ったさがあります

②
「スタッフブログ」の要素が散漫な印象。もう少しコンパクトにまとめたいです

③
最後に外観写真を入れて「ここで暮らしてみたいな」と思えるようなデザインにしたいです

First check

フッターが野暮ったく見えてしまう

波を連想するあしらいですが、色合いが波のイメージにつながらないこともあり、野暮ったい印象になっています。
波のカーブも、複数ではなく大きなカーブをひとつにしたほうがスッキリしそうです。

カラーがエンジのため、波っぽく見えない……

①ゆるやかなカーブに変更。中央部分に少し色をのせることで、雰囲気に変化をつけました

②全体をひと回り小さくしたことで「かたまり」感が生まれました

③「ここで暮らしてみたいな」と思えるような外観写真を大きめに配置

Cool!!

最後までモチーフを活かして一貫性を持たせた

フッターは高さもおさえてスッキリした印象になったので、カモメのモチーフを配置。最後までサイト内の印象に一貫性をもたせることができました。

カモメのあしらいは、線画・写真の切り抜きなどのパターンがあるので単調にならない

調整の軌跡 Brushup Process

● デザインの方向性が決まるまで

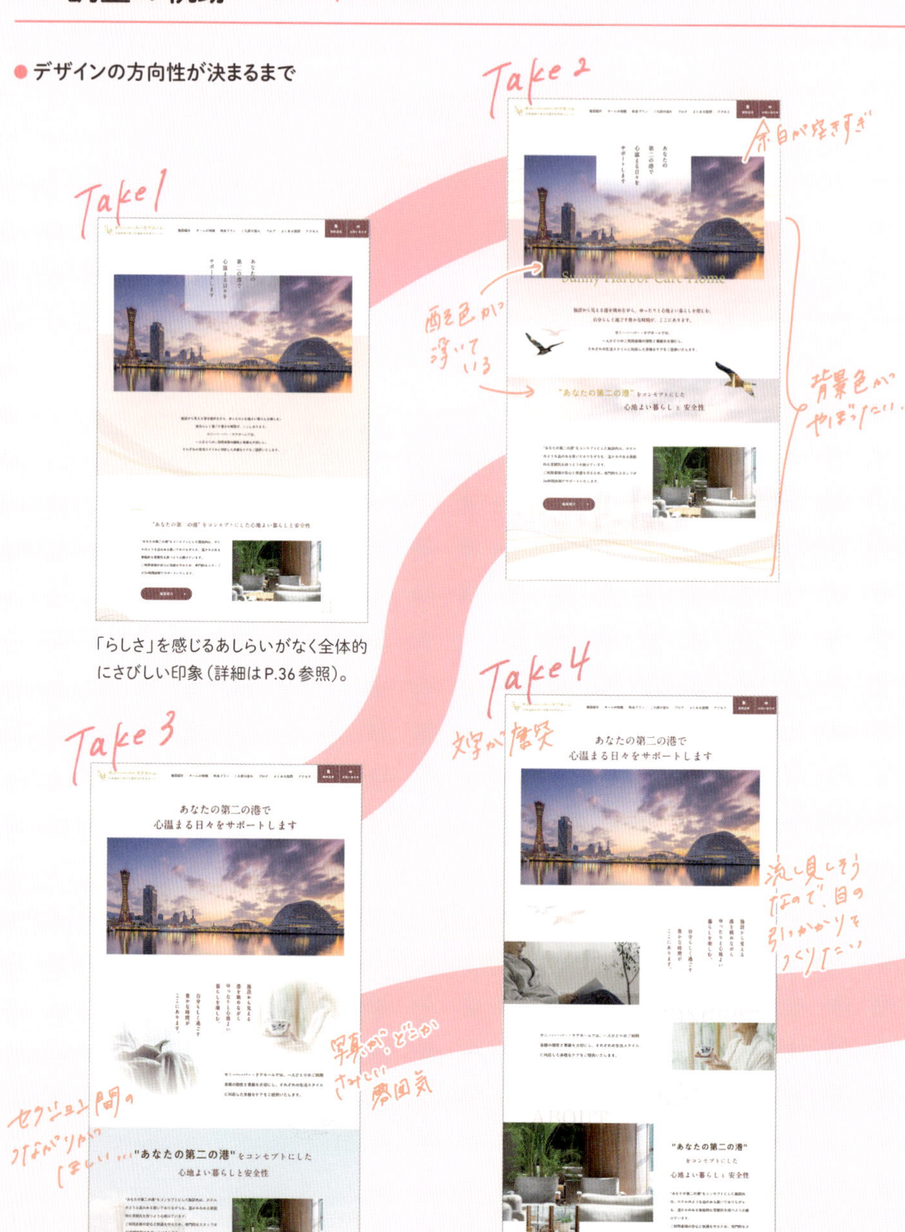

「らしさ」を感じるあしらいがなく全体的にさびしい印象（詳細はP.36参照）。

縦組みの文字を挟んだり、カモメ・波のあしらいや写真を追加したことで、ほどよい活気が生まれました。

Chapter 1-3

製造業

流れるような曲線で「つなぐ」をイメージしたデザイン

ヒアリングシート Hearing Sheet

記入／株式会社辻井電機工業　発注ご担当者様

HEARING SHEET

制作の目的・背景

ケーブル加工を行う企業のコーポレートサイト（BtoB）リニューアル。インナーブランディングや採用なども含め、現サイトからのイメージの見直しを行いたい。

ブランディング

ターゲット

・ケーブルの開発や発注権限をもつ担当者様
・採用への応募を考えている人

CTA

性別	年代
男・女	10・20・30・40・50・60・70

事業内容

弊社は電子部品をつなぐ接続ケーブルの加工を専門としています。材料調達から開発提案・製造・検査・配送まで、すべての工程を社内でつなぎ、一貫管理体制で品質の管理を行なっています。

特徴訴求

Webサイトに期待する効果

社内外に対して、企業のイメージを構築したい（とくに集客等の必要はありません）。
SNS運用も始めたので導線がほしい。

ブランディング

事業の特徴・長所分析（強み）

社内での一貫した管理体制による、各事業部間の連携スピードと品質の管理が大きな特徴です。また、社会的な価値を創造していくことをミッションに掲げ、社業の成長とともに社会への貢献を見据えた事業展開を行なっています。

企業姿勢

デザインテイストのご希望

信頼感のある、きちんとした印象を持ちつつケーブルを連想させる「線でつなぐ」イメージのイラストなどを用いた堅苦しくないサイトにしたい。
新卒採用などでも会社に興味を持ってもらえるようなデザインを希望。

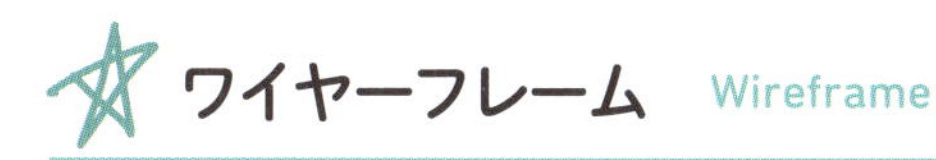

Concept

テーマは「つなぐ」。曲線などをあしらって、全体が線でつながっているような表現を入れたい。
きちんとした印象をキープしつつも堅苦しくないデザインを目指します。

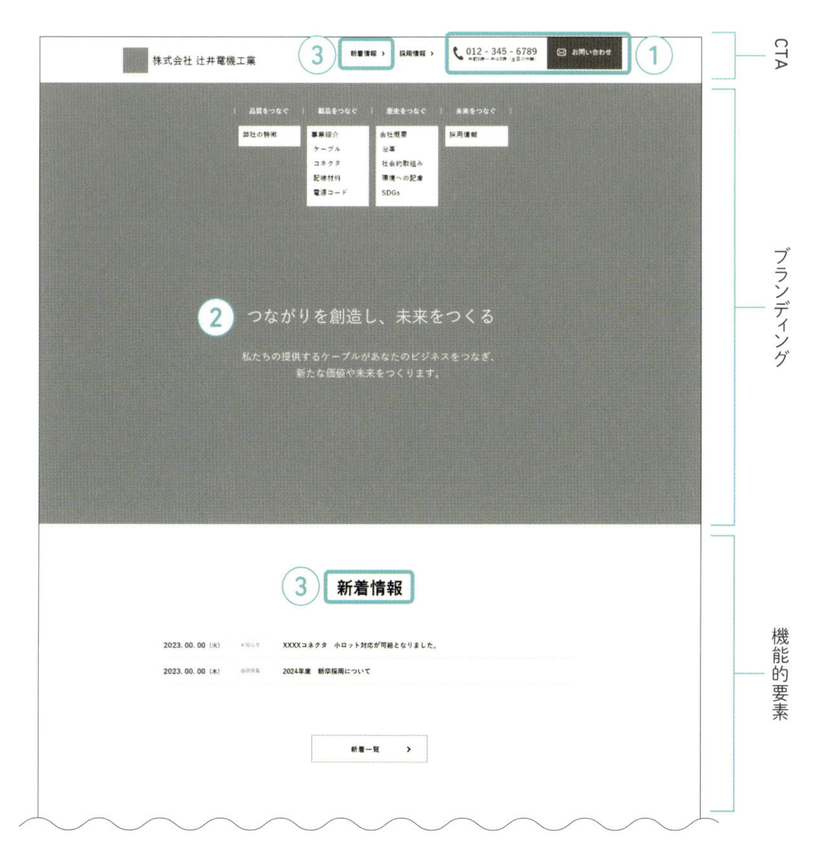

Layout point

① ヘッダー

電話番号の下に営業時間を小さく掲載。テキストを読みやすくするため、やや高めにスペースをとっています。

② メインビジュアル

写真の印象を強めるため、余計なボタン等は配置せずシンプルにメッセージのみを掲載しました。

③ 「新着情報」の表記

この項目は「新着情報」のほか、「お知らせ」「ニュース」などの表現も用いられます。表記がブレないように気をつけましょう。

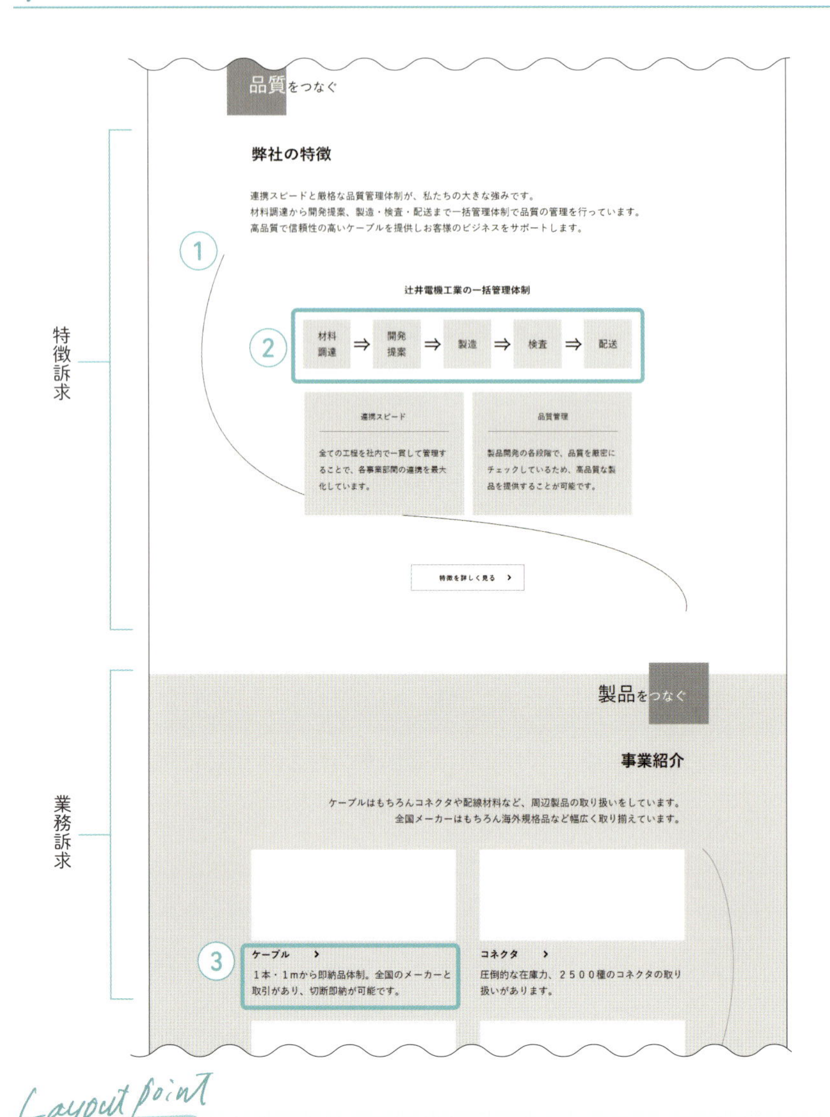

Layout point

① 曲線のあしらい

テーマの「つなぐ」をイメージして、流れるような曲線を配置。次の見出しへの視線誘導の役割も果たしています。

② 社内フローを図解

社内で品質をつないでいる特徴をわかりやすく伝えるために流れを図で説明しています。

③ 矢印アイコンの位置

矢印アイコンは文末ではなく、製品名の近くに。興味を持った人がすぐにアクセスできるよう、見つけやすい位置に置いています。

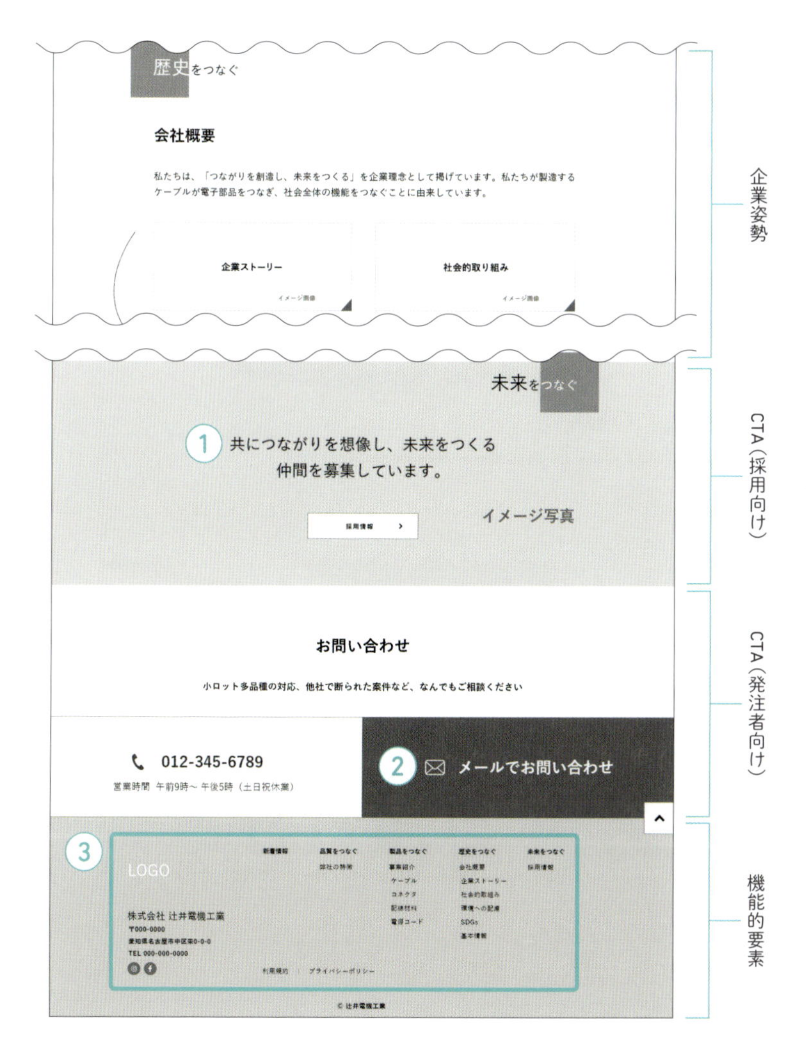

Layout point

1 採用情報

枠で囲むのではなく、ブラウザ幅いっぱいに画像を配置。イメージで伝えるレイアウトに。

2 お問い合わせ

お問い合わせへの誘導をしやすくするため広めのスペースを確保。他のセクションと区別するために地色を敷きました。

3 フッター

情報をカテゴリごとにグルーピングして配置。会社情報の下にはSNSアイコンを配置して、リンクできるようにしています。

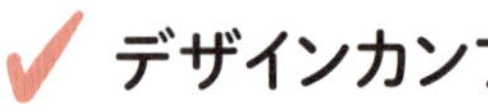

デザインカンプ Design - 1st Take

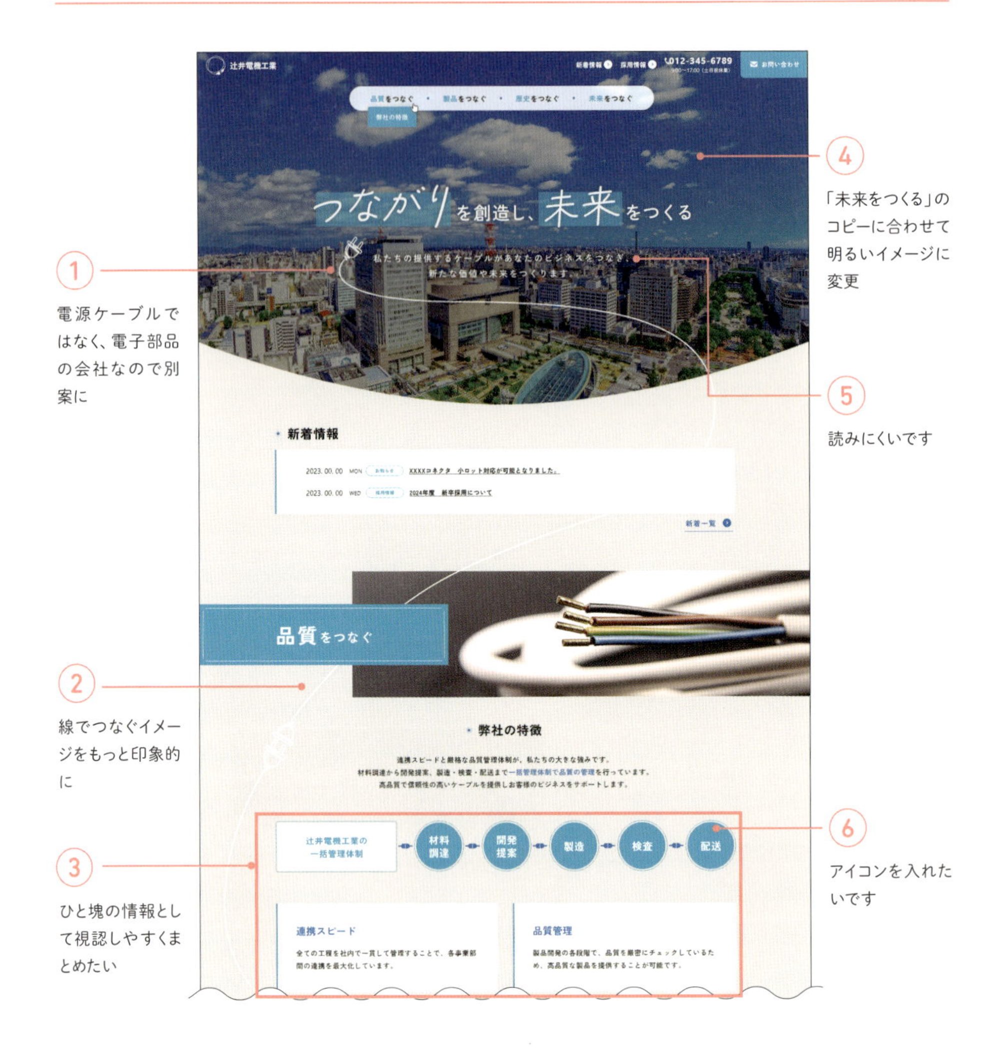

1 電源ケーブルではなく、電子部品の会社なので別案に

2 線でつなぐイメージをもっと印象的に

3 ひと塊の情報として視認しやすくまとめたい

4 「未来をつくる」のコピーに合わせて明るいイメージに変更

5 読みにくいです

6 アイコンを入れたいです

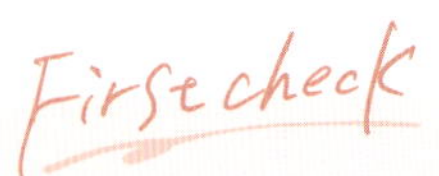

モチーフのちぐはぐ感と、まとまりすぎな配色

曲線と角ばったあしらいが混在し、ちぐはぐな印象。カラーも青系できれいにまとまりすぎているので、アクセントが欲しいです。

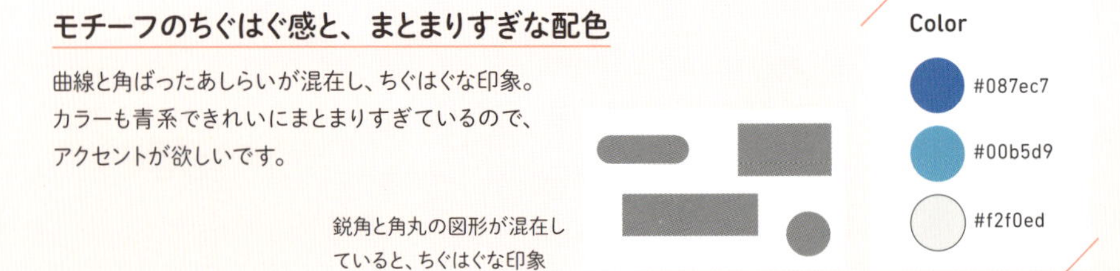

鋭角と角丸の図形が混在していると、ちぐはぐな印象

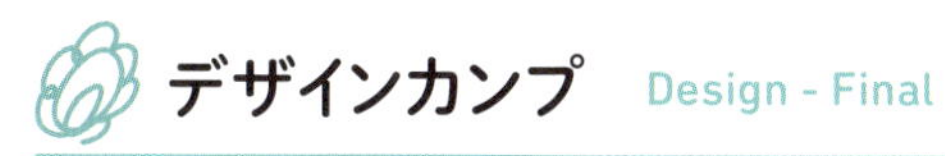

デザインカンプ Design - Final

1. 「り」から伸びるシンプルな曲線に変更
2. 曲線の色はグラデーションに。この線がそれぞれのセクションへの視線を誘導します
3. ひと固まりの情報として伝わるよう、ベタ色を敷いてグルーピング
4. 写真を明るくし、オレンジのアクセントを追加
5. 縦書きにすることで、読みやすさを確保し、デザイン的な変化をつけました
6. ひと目で内容が伝わるようにアイコンを追加

Cool !!

曲線系で統一し、アクセントカラーを追加

背景やあしらいは曲線や丸みのある形に変更して統一感を演出。カラーはオレンジのアクセントカラーを追加して明るさとリズムを生み出しました。

Before

After

配色は白背景のスペースを増やし、落ち着きすぎてしまう点を改善した

Color

#f49e23

図形の形を角丸で統一

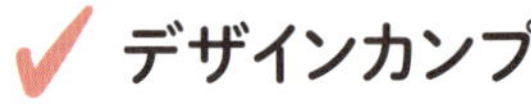

デザインカンプ Design - 1st Take

製品をつなぐ
事業紹介
ケーブル
MORE
コネクタ
MORE
配線材料
MORE
電源コード
MORE
歴史をつなぐ
会社概要
企業ストーリー
社会的取り組み
1
グループピングした4つの写真のうちここだけ人物写真なので変更
2
リンクであることがわかりやすいデザインに
3
同じ形の見出しを左右交互に反復しているので単調な印象。少し変化がほしいです
4
画像の一部が背景に溶けてしまっています。周囲の余白も、もう少しほしいです
5
なぜここだけ英語？

First check

リンクのあしらいが統一されていない

リンクのデザインがバラバラだったり、同じあしらいでリンクのあり・なしが混在していると、見る人の混乱を招きます。また「MORE」の部分は、言葉がカジュアルすぎて全体のイメージにあっていません。地色の青も悪目立ちしているので変更を。

環境への配慮

リンクであることがわかりにくい

コネクタ
MORE

青が浮いている↑

デザインカンプ Design - Final

1 人物なしの写真に変更。4点すべてをイメージカットに統一したことで視覚的な一体感が生まれました

2 リンクの矢印を追加

3 青の背景を入れることで、見出しよりもコンテンツが活きるデザインに変更

4 写真をやや縮小し圧迫感を解消。背景色を入れたため、白背景の写真でも存在感があります

5 「MORE」をやめて他のリンクと同じ矢印のアイコンに変更

Cool !!

矢印をつけることでリンクがわかりやすく

リンクには矢印のアイコンをつけてあしらい統一し、リンクがあることをわかりやすくしました。また、背景色を入れることで、各コンテンツのイメージ写真を美しく引き立てることができています。

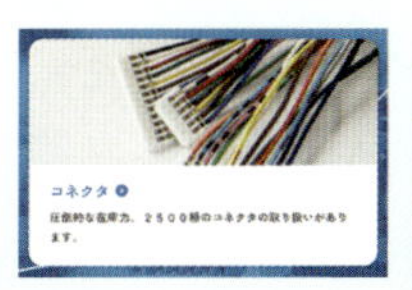

リンクアイコンを統一

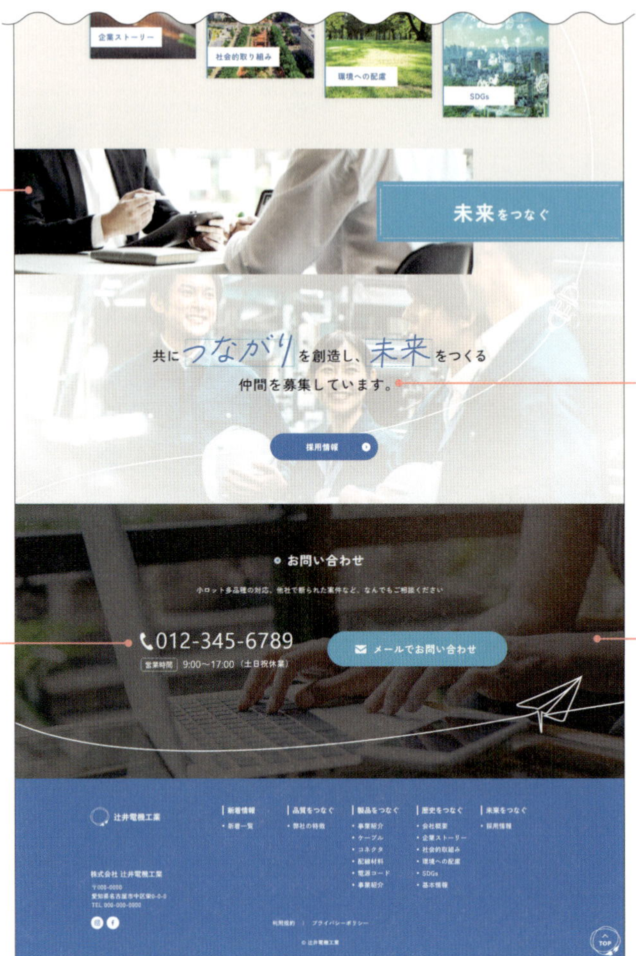

1 この画像はカット。ここでは無関係のため

2 電話番号を太くしてメリハリを出しましょう

3 人物の顔に文字がかからないように、テキストの位置を調整

4 写真がカフェっぽい雰囲気かも。ビジネスシーンっぽい写真に変更

First check

無関係な写真を入れない

内容と無関係なイメージカットを置くと、誤解や混乱、違和感を招く恐れがあります。素材を選ぶ際には、掲載している内容とあったもの、現実との乖離が起こらないものを選ぶようにしましょう。

「未来をつなぐ」のイメージには直結しない

1 見出しのフォントを手描き風にして、堅苦しさを回避。曲線で囲むことで、背景に埋もれることもなく、「つなぐ」にもマッチ

2 数字を太くしたことでメリハリが出て、安定したバランスに

3 できるだけ顔に文字がかからない配置に。写真の色味も調整したことで統一感も

4 背景写真はビジネスシーンのイメージカットに変更

つながりの線を活かしたデザイン

採用情報だけ、つながりの線で見出しをくるんと囲んで他とは違ったあしらいにしました。ゴールの「お問い合わせ」では紙飛行機にするアイデアで、つながりの線を活かしています。

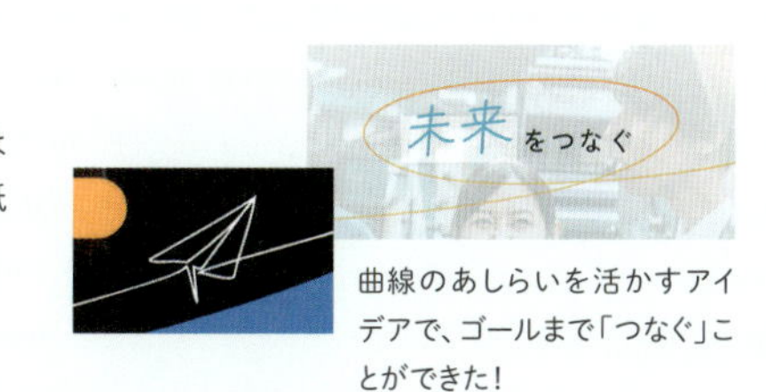

曲線のあしらいを活かすアイデアで、ゴールまで「つなぐ」ことができた！

調整の軌跡　Brushup Process

● ワイヤーフレームとデザインカンプの比較

ワイヤーフレーム

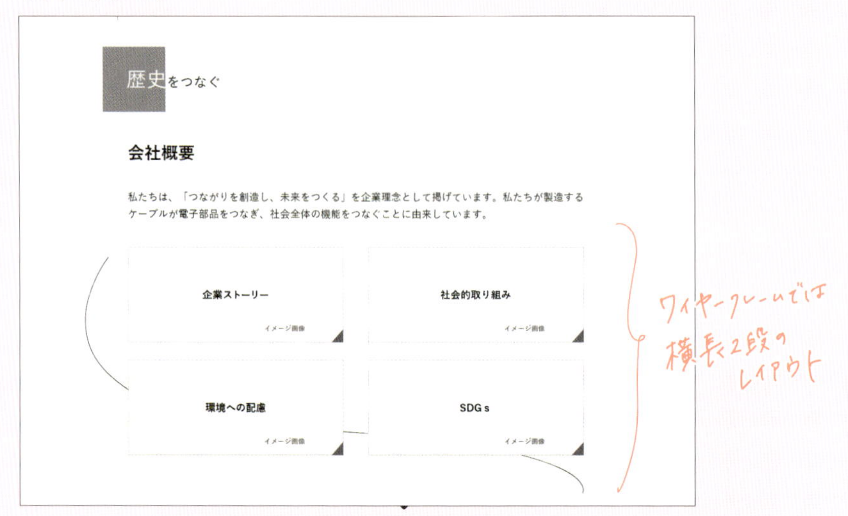

デザインカンプ

リンクは2段に重ねず、縦長にして横並びに。配置をずらし段階的に見せるアイデアで、見せたい情報が順を追って紹介できます。

● 背景が空いてしまった時のひと工夫

少しもの足りない感じがするので、空いているスペースに何かモチーフを入れたい。

デザインに馴染まず違和感が…

大きくしたり、色を変えたりしたけど中途半端な印象

OK!

モチーフをグッと大きくして、色を薄く、見切れる位置に配置。ポイントは、思いっきり大きくして一部をはみ出すこと。色は背景色とのバランスを見ながら、うっすら見えるくらいに調整した。

● 見出しフォントのセレクト

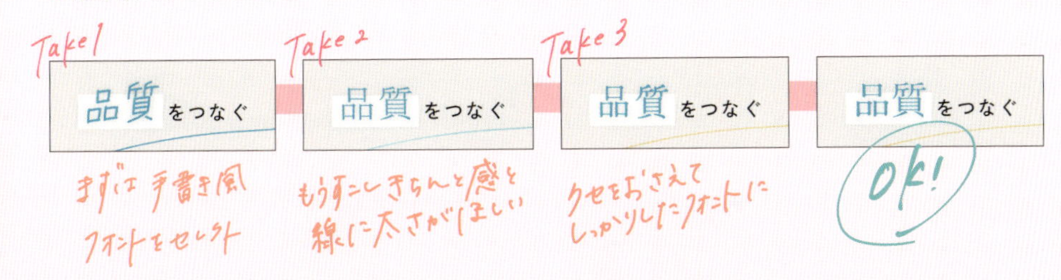

Column

ワイヤーフレームは何のためにつくるの?

すべてのデザインの良し悪しは情報設計からはじまります。

ワイヤーフレームは、ウェブサイトの骨格を構築する重要なプロセスとして、デザイン制作に着手する前に掲載する情報を整理整頓し、クライアントやデザイナーと認識を共有するための「情報設計」を目的として作られます。

ページのレイアウトや要素の配置・強弱などを視覚化することで、サイトの基本構造が理解しやすくなるため、メニュー、ボタン、画像、テキストなど、要素の最適な配置場所やユーザーの動き・導線などをより深く検討することができます。

一方、デザインカンプは「視覚設計」となるため、ワイヤーフレームで定義した構造や機能性をユーザーにどのように見せるか、魅力的で直感的に理解しやすくするために再定義を行う工程となります。

ワイヤーフレーム制作時には、デザインのスタイリングでこの再定義が行われることを頭に入れ情報設計をすることで、スムーズにより良いデザイン制作へと引き継ぐことができます。

ワイヤーフレーム=情報設計

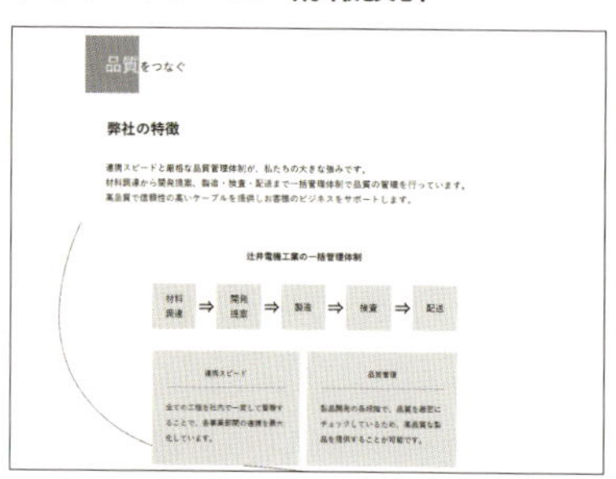

デザインカンプ=視覚設計

クライアント

認識共有

デザイナー

ユーザー

Chapter 2

事例集：
EC サイト

Chapter

2-1 インテリアショップ

シンプルながらワクワク感を訴求したデザイン

ヒアリングシート Hearing Sheet

記入／MODA NOVA　発注ご担当者様

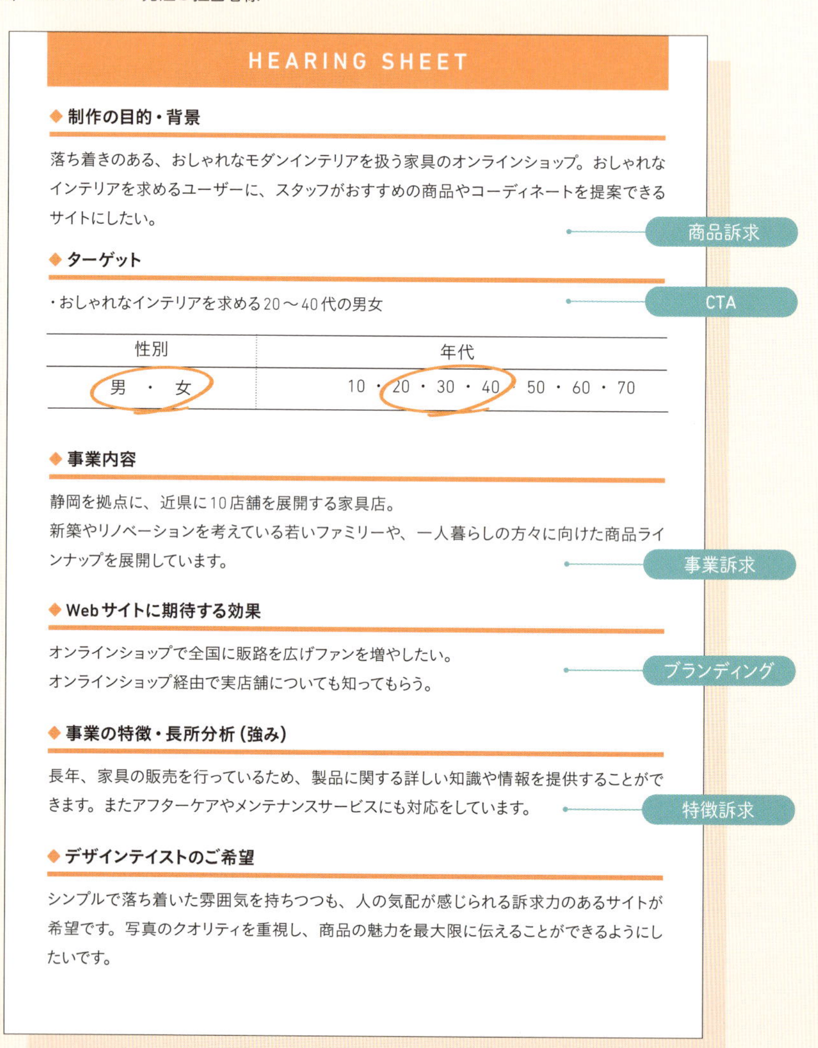

HEARING SHEET

◆ 制作の目的・背景

落ち着きのある、おしゃれなモダンインテリアを扱う家具のオンラインショップ。おしゃれなインテリアを求めるユーザーに、スタッフがおすすめの商品やコーディネートを提案できるサイトにしたい。

◆ ターゲット

・おしゃれなインテリアを求める20～40代の男女

性別	年代
男 ・ 女	10 ・ 20 ・ 30 ・ 40 ・ 50 ・ 60 ・ 70

◆ 事業内容

静岡を拠点に、近県に10店舗を展開する家具店。
新築やリノベーションを考えている若いファミリーや、一人暮らしの方々に向けた商品ラインナップを展開しています。

◆ Webサイトに期待する効果

オンラインショップで全国に販路を広げファンを増やしたい。
オンラインショップ経由で実店舗についても知ってもらう。

◆ 事業の特徴・長所分析（強み）

長年、家具の販売を行っているため、製品に関する詳しい知識や情報を提供することができます。またアフターケアやメンテナンスサービスにも対応をしています。

◆ デザインテイストのご希望

シンプルで落ち着いた雰囲気を持ちつつも、人の気配が感じられる訴求力のあるサイトが希望です。写真のクオリティを重視し、商品の魅力を最大限に伝えることができるようにしたいです。

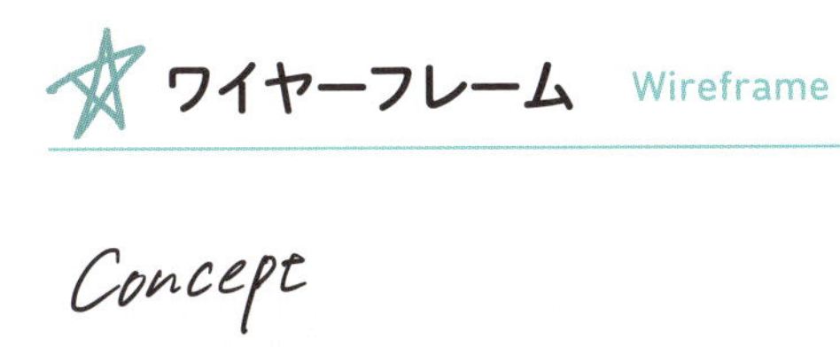

ワイヤーフレーム Wireframe

Concept

商品写真を魅力的に見せるため、デザインはシンプルに。さらに、特集やランキング、コーディネート、ブログなどのコンテンツも充実した訴求力のあるサイトに仕上げます。

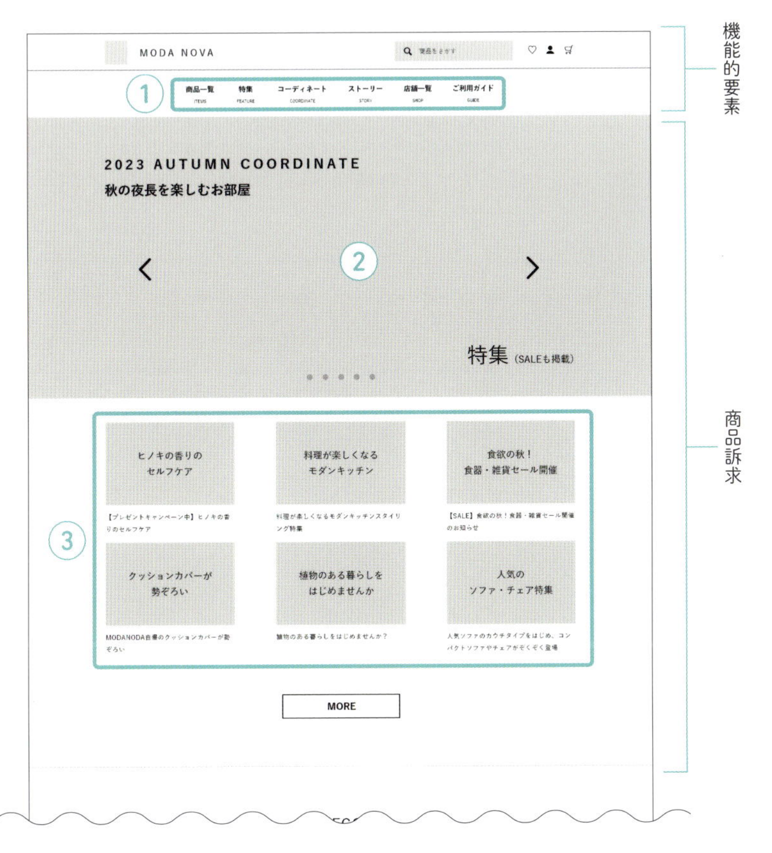

Layout point

① ヘッダーメニュー

メニューのスペースは広めに確保し、パッと見たときに内容がわかりやすい日本語をメインに。英語の表記はあしらい程度に添えています。

② メインビジュアル

イメージだけでなく、どのような内容を掲載するのか、テキストも用意しておくことで、スムーズにデザイン作成ができます。

③ 特集バナー

特集ページのバナーを打ち出すことで、売りたい商品が目につきやすく、買い物をしたくなるようなワクワクする雰囲気に！

ワイヤーフレーム Wireframe

商品訴求

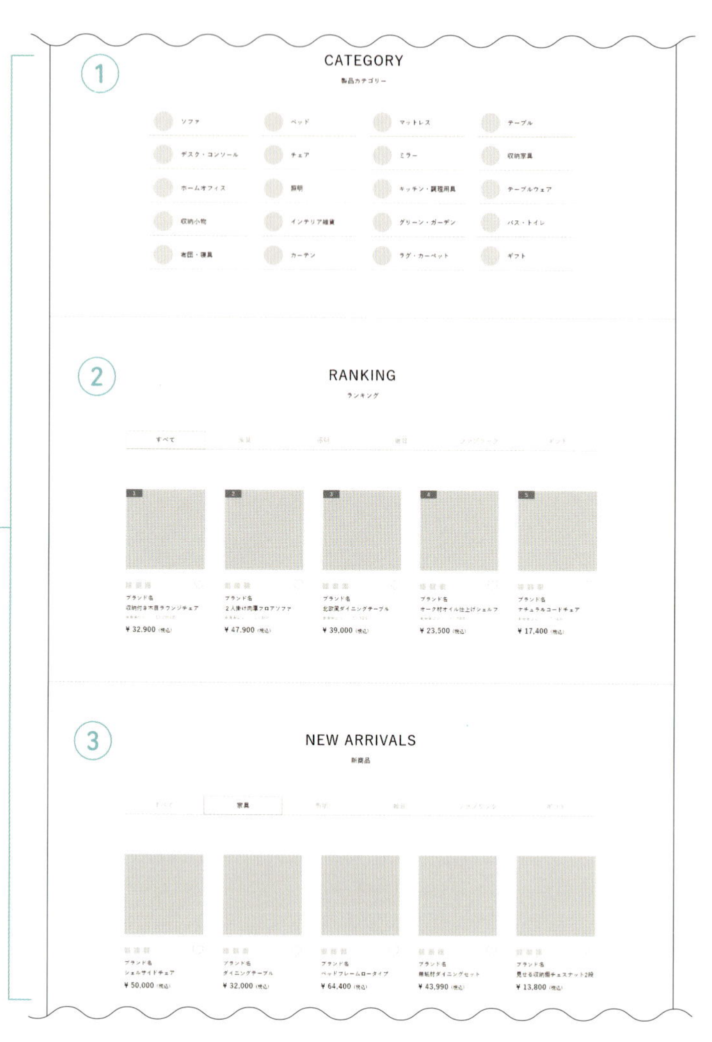

Layout point

① 商品カテゴリー

買いたいアイテムが決まっている場合には、カテゴリー一覧からスムーズに探せるよう、ページの上に配置しています。

② ランキング

人気の商品ランキングを配置。まずは、いろんなアイテムを見てもらえるよう商品をできるだけ露出するコンテンツを設置しています。

③ 新商品

新商品を配置。商品を常に入れ替えていくことで、いつアクセスしても売り場に目新しさを感じることができます。

ワイヤーフレーム Wireframe

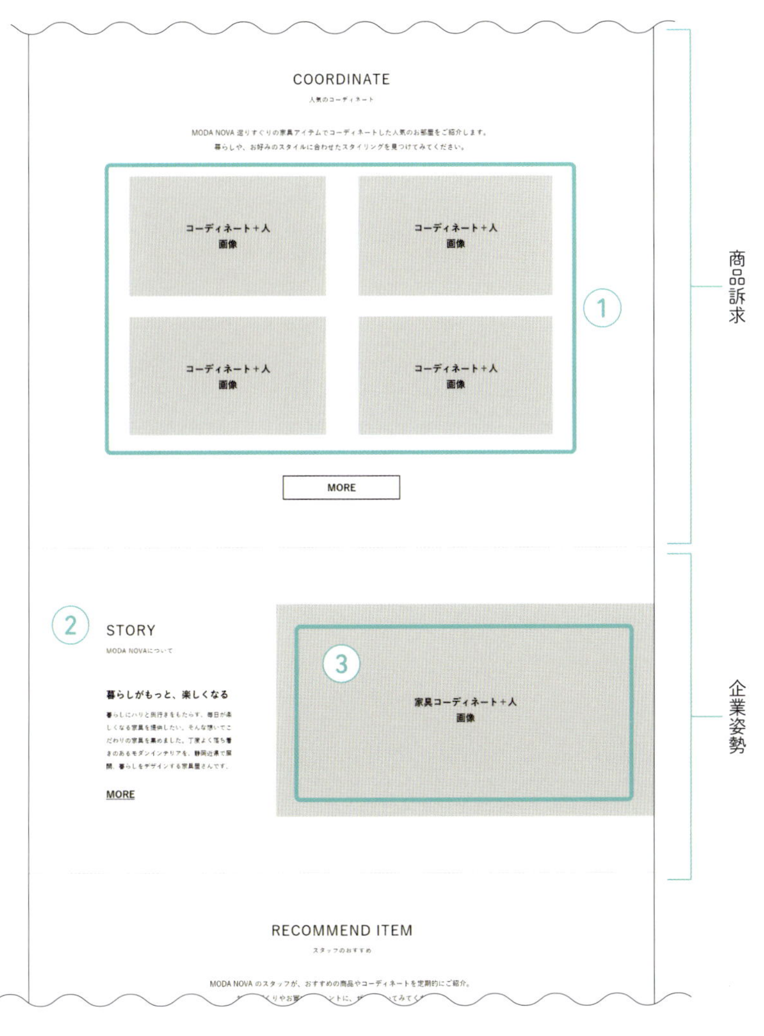

Layout point

① コーディネート

人気の空間コーディネートを紹介。画像には、複数の家具でコーディネートした写真が入るので、大きめの画像を配置する想定に。

② ストーリー

お店のコンセプトを伝えるストーリー。商品紹介ばかりではなく、読み物を加えることでコンテンツに変化を出します。

③ 人物が入った写真

人物が家具を使っているシーンの写真を指定。サイトが無機質にならないよう人の気配を加えます。

Layout point

① スタッフのおすすめ

実際の店舗や接客の雰囲気を表現し、ECでの購入を後押し。スタッフがおすすめをしているような見せ方で興味を引きます。

② おすすめの見せ方

店舗スタッフからのひとことを添えて、おすすめ感をアップ。商品も多く紹介できるように表示を2段にしています。

③ ショップブログ

シーズンごとに変わる実店舗の売り場の様子やお知らせなどを紹介するショップブログ。

ワイヤーフレーム Wireframe

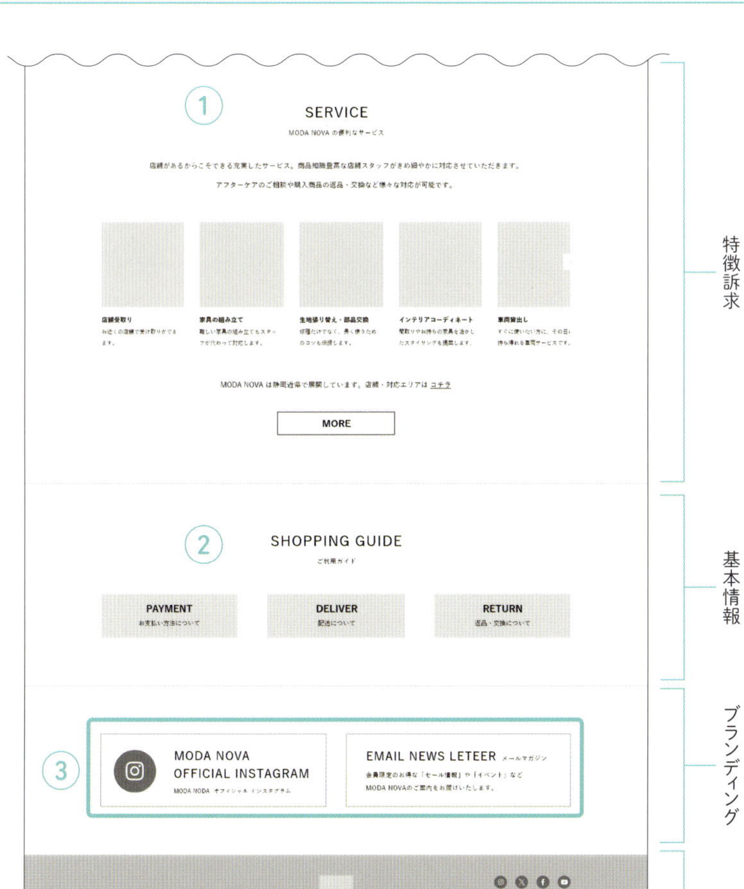

Layout point

① サービス紹介

購入するうえでの安心材料になるので、どのようなサービスを行っているのかを具体的に紹介。

② ご利用ガイド

ネットショップの基本情報となる「お支払い」「配送」「返品・交換」。詳細にスムーズにたどりつけるようにボタンを配置しています。

③ ファンづくり

サイトから離脱した後もお店からの情報をキャッチしてもらえるように、SNSやメールマガジンの紹介を追加。

デザインカンプ Design - 1st Take

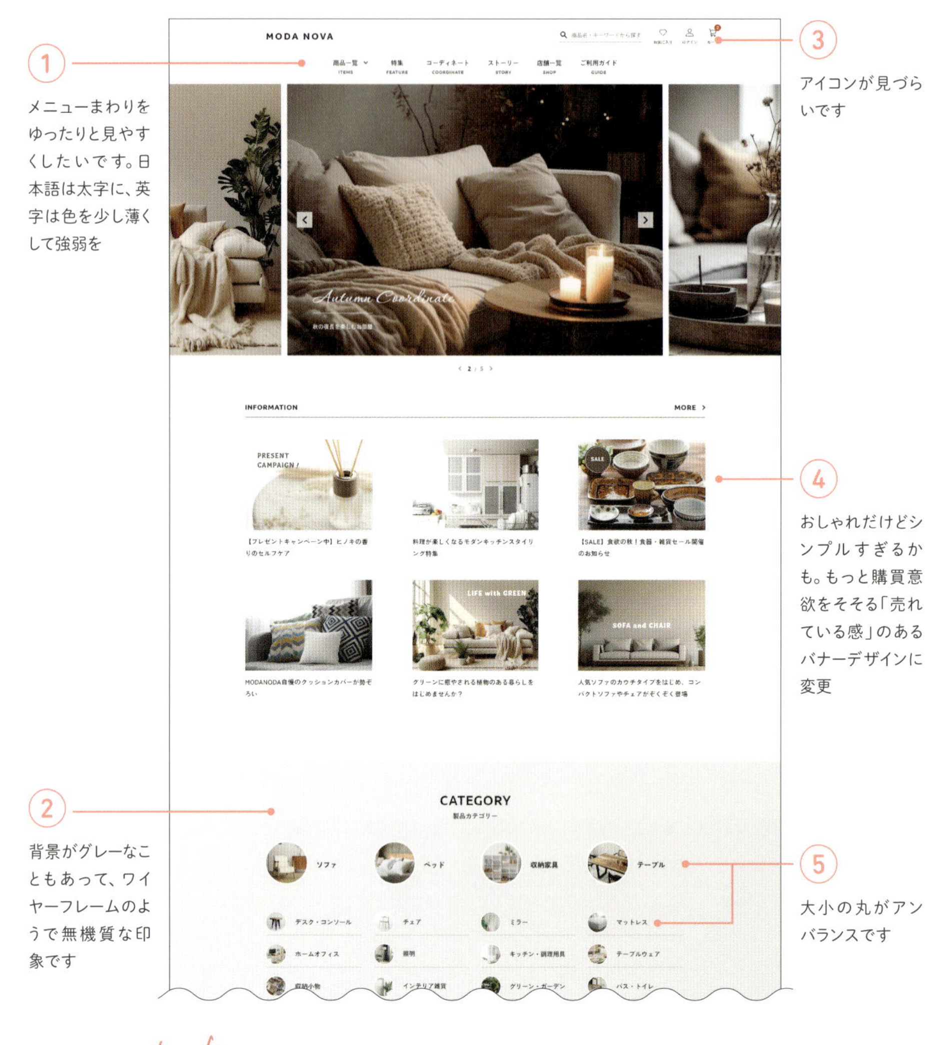

1 メニューまわりをゆったりと見やすくしたいです。日本語は太字に、英字は色を少し薄くして強弱を

2 背景がグレーなこともあって、ワイヤーフレームのようで無機質な印象です

3 アイコンが見づらいです

4 おしゃれだけどシンプルすぎるかも。もっと購買意欲をそそる「売れている感」のあるバナーデザインに変更

5 大小の丸がアンバランスです

First check

ワイヤーフレームのような無機質な印象

全体的にワイヤーフレームに引っ張られている印象です。配色を再検討し、メリハリをつけましょう。モノクロベースでグレーの面積が多いこともあってか、どこか無機質な雰囲気です。

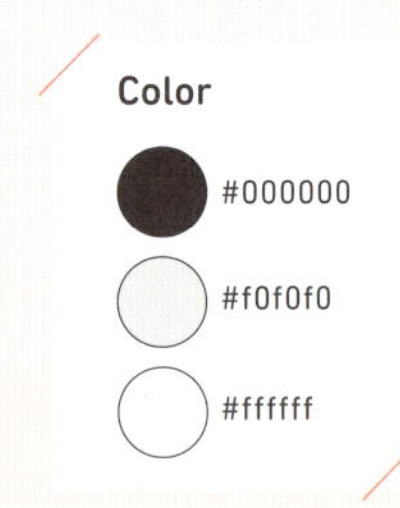

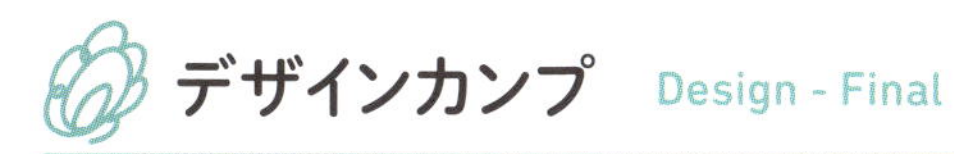

デザインカンプ Design - Final

①
メニューの配置を大きく変え、テキストサイズや英字配色も調整。メニューがスッと目に入りやすくなりました

②
背景色をベージュ系に変更

③
アイコンだけでも伝わるので日本語はカット。アイコンの線を太くしてやや大きめに配置

④
バナーにしたことで、思わずクリックしたくなるような、にぎやかな雰囲気に。画像のサイズに差をつけてメリハリも

⑤
写真のサイズを均一にしたことで、テキストの配置も揃い、違和感を解消。カテゴリ間のラインもカットし、スッキリしました

Cool !!

配色とレイアウトを変更し、温かみをプラス！

背景は薄いベージュで温かみを持たせ、ファーストビューのレイアウトはサイドメニューに変更。ガラリと雰囲気が変わり、つい買い物をしたくなるにぎやかな雰囲気になりました。

Before

After

Color

#1b1b1b

#f3eeec

#fcfcfc

デザインカンプ Design - 1st Take

① 単調な印象。もっとワクワクして、買い物をしたくなるような見せ方にしたいです

② セクション間の区切りがあやふやなため間延びして見えます

③ 4枚の写真すべて、インテリアより人物のほうが目立っている気がします

First check

コーディネートよりも、人の印象が強い

「コーディネート」で使用している写真ですが、インテリアより人物に目が行きます。主題はあくまでインテリアなので、写真のトリミングやレイアウトを工夫して、「コーディネート」のタイトルにマッチするようにしたいです。

インテリアより人物が目立っているため、「コーディネート」ではなく「ライフスタイル」といった印象

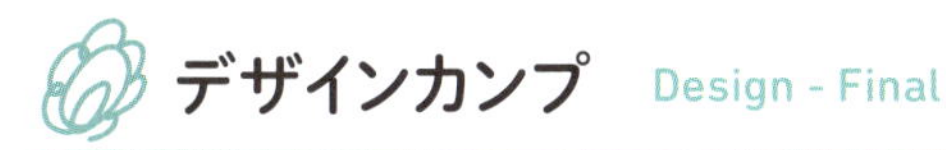

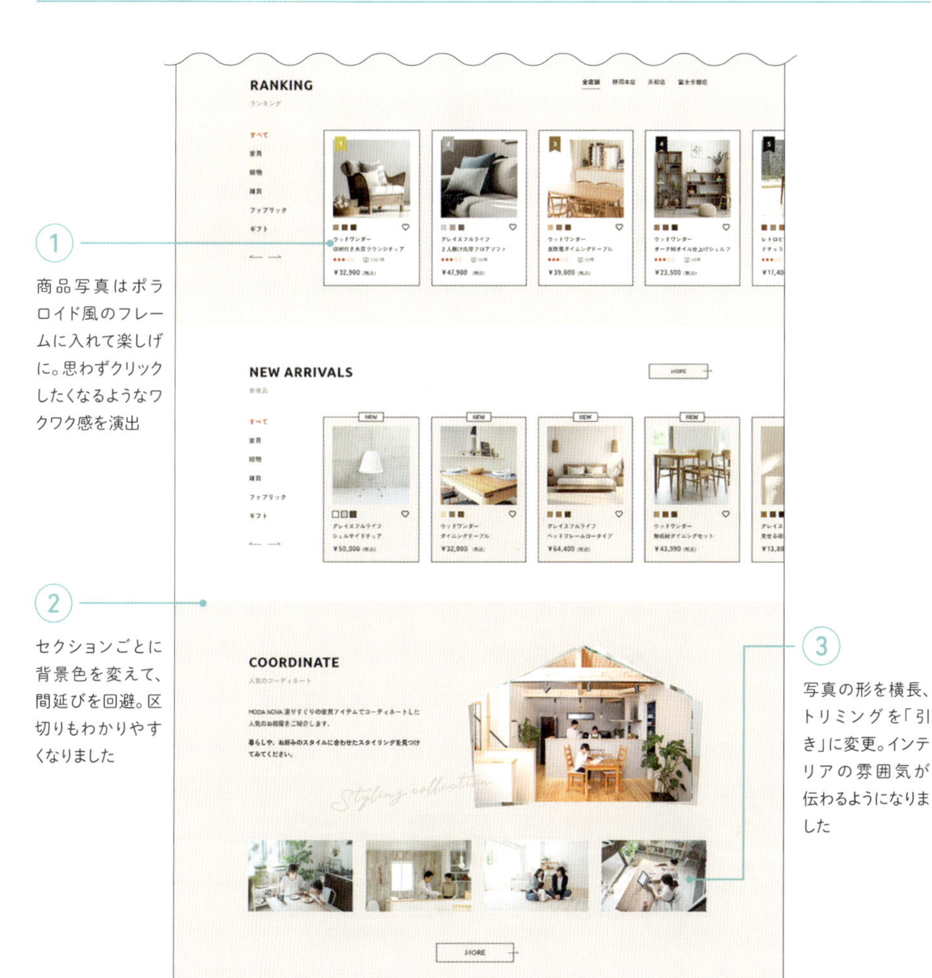

1 商品写真はポラロイド風のフレームに入れて楽しげに。思わずクリックしたくなるようなワクワク感を演出

2 セクションごとに背景色を変えて、間延びを回避。区切りもわかりやすくなりました

3 写真の形を横長、トリミングを「引き」に変更。インテリアの雰囲気が伝わるようになりました

Cool!!

家のシルエットで切り抜いたデザイン

「コーディネート」の右には家のシルエットで切り取った写真を複数枚重ね、順に最前面に表示する仕様に。引いたカットでトリミングすることで人物よりもインテリアのコーディネートの雰囲気が伝わるようになりました。

家のシルエットで切り抜いた写真を複数枚重ね、表示が切り替わる仕様に

デザインカンプ Design - 1st Take

① 各セクションの「見出し&サブ見出し」の位置やあしらいがバラバラなので、そろえるか思いきり変えるかどちらかに調整したいです（変えるなら意味を持たせる）

② 配色やあしらいなどを再考し、コピーにあるような「楽しくなる」エッセンスを感じるデザインに

First check

「STORY」部分に一体感が足りない

情報を分断してしまう以下のような「区切りの要素」を見直して、一体感のあるデザインにしたいです。
① タイトル（STORY）と本文の間の背景色
② 画像内の左に写り込んでいるカーテン

STORY
MODA NOVA について
暮らしがもっと、楽しくなる
MORE >
Modern coordinate

背景色やカーテンで区切られているため、一体感がない

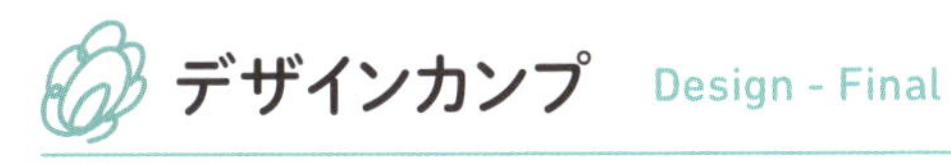

1
見出しのあしらいをそろえ、「Fの法則」（P.217参照）で視線誘導ができるレイアウトに
2
写真の上にテキストを配置し、クッションの黄色と同じ色のマーカーを引いて写真と文章が一体感のあるデザインに。見たときの印象もパッと明るくなりました
STORY
暮らしがもっと、楽しくなる
RECOMMEND ITEM
SHOP BLOG

Cool!!

ブラウザ幅いっぱいにして違う見せ方に

「STORY」は写真を活かしたブラウザ幅いっぱいのレイアウトに変更。左のトリミング位置を変え、端のカーテンの部分をぼかすことで写真とテキストにつながりが生まれ、イメージに広がりが出ました。

写真の左側は背景が広がっているような加工をして、一体感を演出

First check

余計な情報が視覚のノイズになっている

「ご利用ガイド」の背景写真は色のコントラストが強く、本来見せたい部分のノイズになっています。また「返品・交換について」の背景のガラスには何かが映り込んでいるので、なんらかの処理をしたいです。小さな配慮の積み重ねがデザインのクオリティアップにつながります。

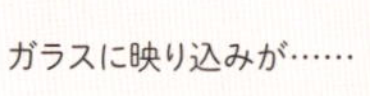
ガラスに映り込みが……

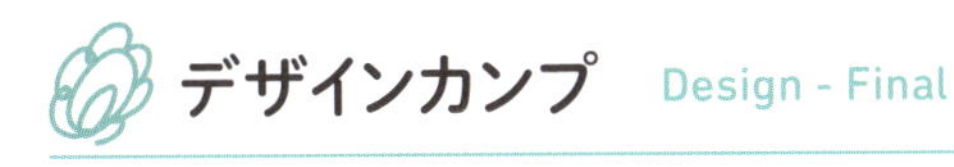

「ご利用ガイド」がすっきり目に入るようになった

「ご利用ガイド」の背景写真はトリミング位置を変え、余計な映り込みが見えないように調整。また半透明の黒を乗せたことで色味を抑え、視認スピードをアップさせることができました。

背景とアイコンの色を変更したことで、見やすくなった！

調整の軌跡 Brushup Process

● バナーの配置をチェック

バナーの構図から、複数の画像を
「いい感じに」配置するヒント

ソファーが正面を向き、テキストもセンター揃えなので、どこに配置してもOK。

右半分に緑色の背景を敷いていて、バナー右側が重たい印象があるので、右端に配置。

ワンポイントの赤いフラッグが右向きなので、右端に置くのは避けたい（バナーが外向きになるので）。

主役のビンとワンポイントのバッジが右側に配置されているので、右端に置きたい（バナーが内向きな印象になるため）。

●「サービス」のデザインをチェック

Take1

デザインや内容がコンパクトにまとまりすぎている
ひとつひとつのサービスも、もっと大きく扱いたい。

Take2

右下がひとつ欠けている…

Take3

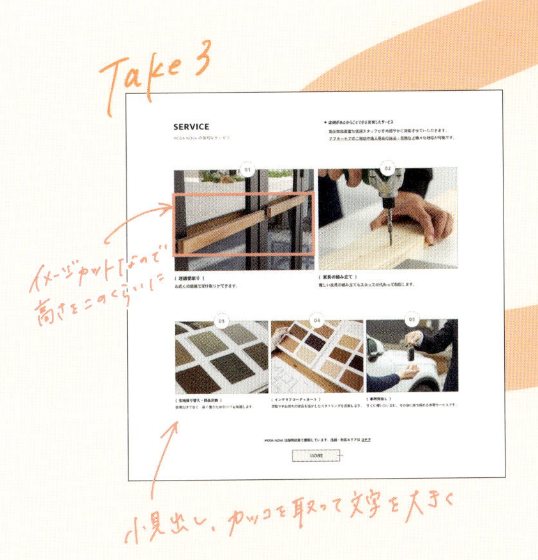

イメージカットなので高さをこのくらいに

小見出し、カッコを取って文字を大きく

OK!

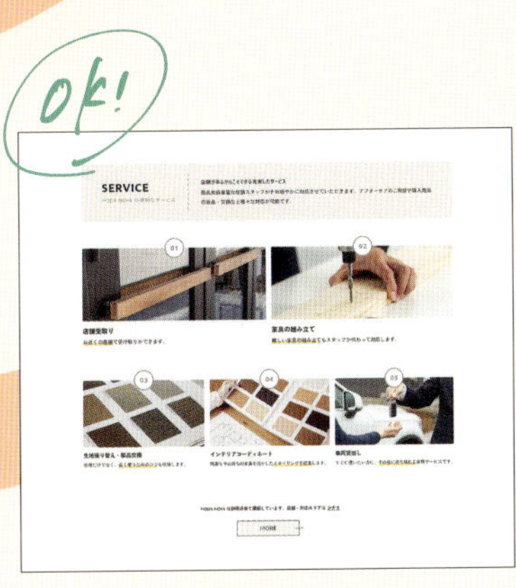

見出しには背景を加えて目立たせ、各サービスは大きくして2段になったが、番号をつけてグルーピング。抜け感のある明るい雰囲気になった。

＼ 細かいところまで要チェック！ ／

Take3 の丸の線は、少し細くて華奢なので調整したい。

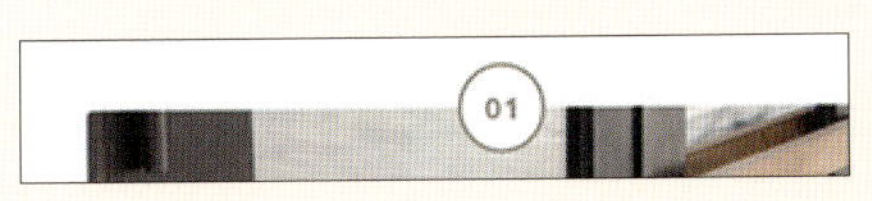

丸の線を数字と同じくらいの太さにそろえたことで
あしらいが安定した。
写真を少しだけ角丸にしているのもGood。

Chapter 2-2

ペットウェア

「ゆるさ」を意識したかわいらしいデザイン

ヒアリングシート Hearing Sheet

記入／Joli Chouchou　オーナー様

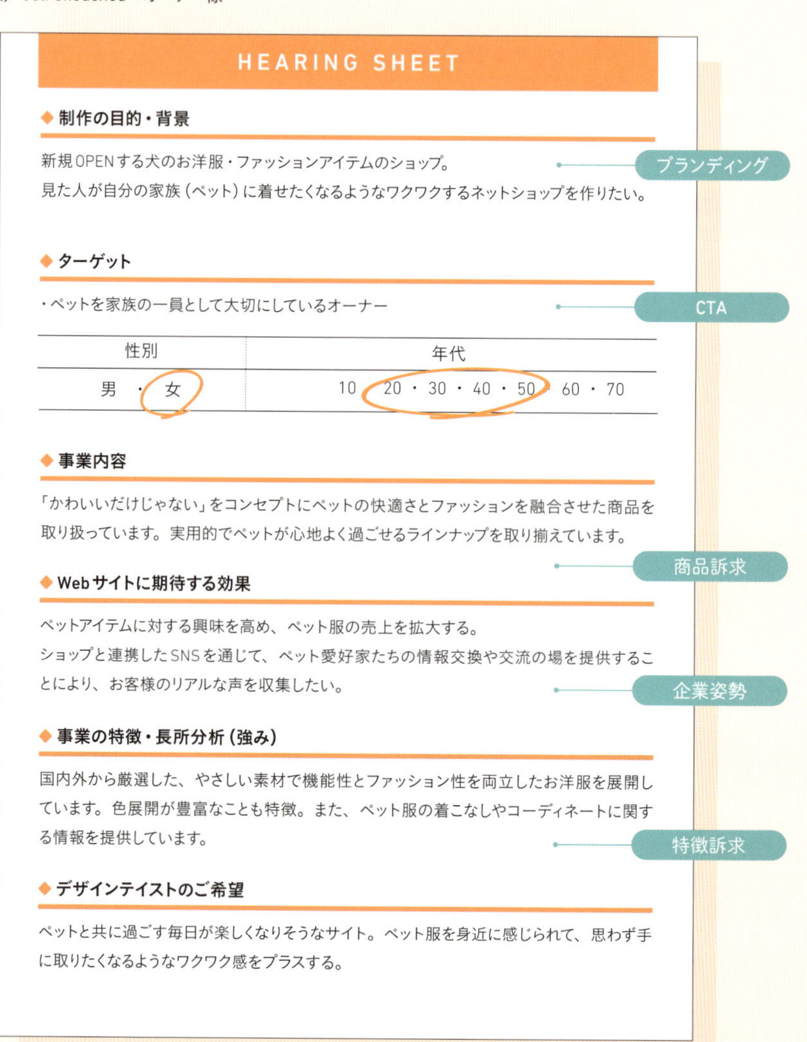

HEARING SHEET

◆ 制作の目的・背景

新規OPENする犬のお洋服・ファッションアイテムのショップ。
見た人が自分の家族（ペット）に着せたくなるようなワクワクするネットショップを作りたい。

◆ ターゲット

・ペットを家族の一員として大切にしているオーナー

性別	年代
男 ・ 女	10 ・ 20 ・ 30 ・ 40 ・ 50 ・ 60 ・ 70

◆ 事業内容

「かわいいだけじゃない」をコンセプトにペットの快適さとファッションを融合させた商品を取り扱っています。実用的でペットが心地よく過ごせるラインナップを取り揃えています。

◆ Webサイトに期待する効果

ペットアイテムに対する興味を高め、ペット服の売上を拡大する。
ショップと連携したSNSを通じて、ペット愛好家たちの情報交換や交流の場を提供することにより、お客様のリアルな声を収集したい。

◆ 事業の特徴・長所分析（強み）

国内外から厳選した、やさしい素材で機能性とファッション性を両立したお洋服を展開しています。色展開が豊富なことも特徴。また、ペット服の着こなしやコーディネートに関する情報を提供しています。

◆ デザインテイストのご希望

ペットと共に過ごす毎日が楽しくなりそうなサイト。ペット服を身近に感じられて、思わず手に取りたくなるようなワクワク感をプラスする。

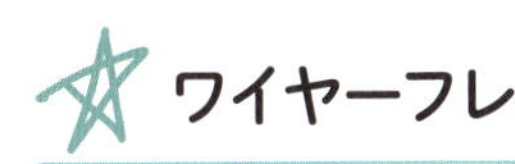

ワイヤーフレーム Wireframe

ヘッダー／メインビジュアル／インフォメーション／新商品

Concept

ペットとの生活がもっと楽しくなるような、ゆるくてかわいらしいデザインを目指します。商品へのこだわりやお客様の声も掲載して、親近感を覚えていただけるように。

Layout point

① メニュー

まずは商品を見てもらいたいことや、探している商品（カテゴリー）にすぐアクセスできるよう「アイテム」を先頭に。

② PRバナー

お客さまとの情報交換や交流の場を紹介したり、セールやキャンペーンのご案内など、更新を想定。いつでも「旬」な印象を与えます。

③ カラーバリエーション

色展開豊富なことが特徴なので、カラーバリエーションがわかる表示ができる仕様に。選択肢の幅が広がります。

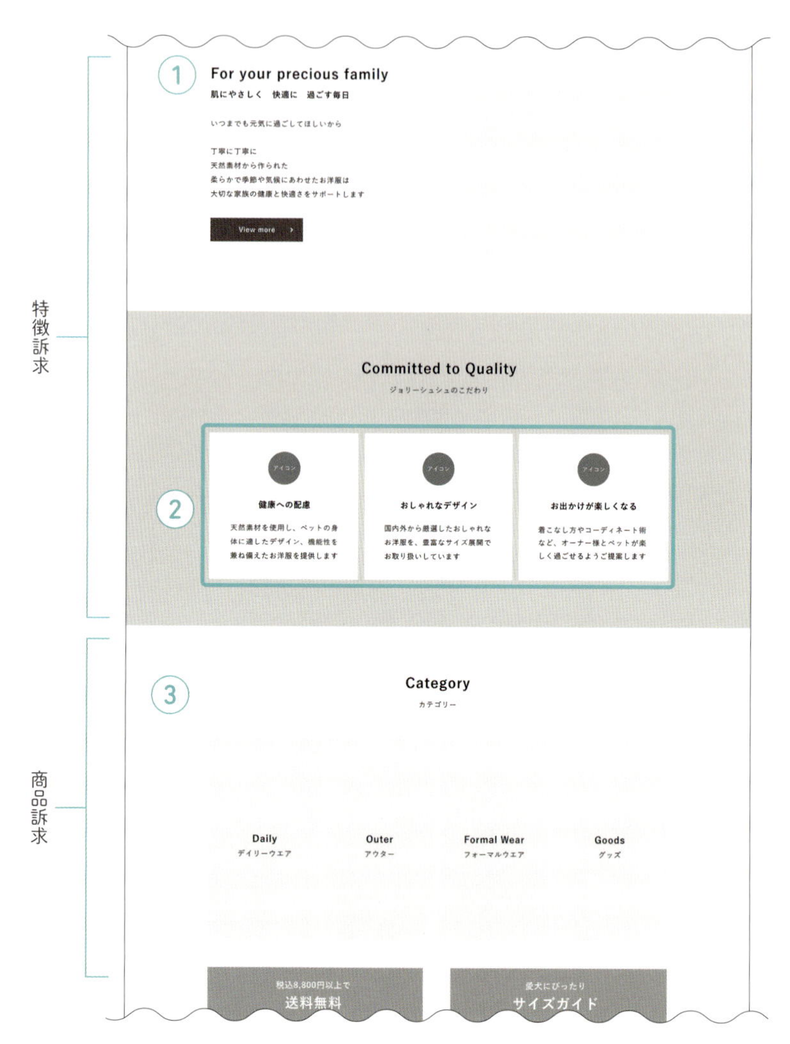

Layout point

① コンセプト紹介

大きめのイメージカットを添えて、コンセプトを紹介。他店と差別化できるペット服への想いは、お買い物の安心感に。

② こだわりを簡潔に

商品へのこだわりは簡潔に3つにまとめています。情報が重くなりすぎないようアイコンを入れて、わかりやすく。

③ カテゴリー

4つの大カテゴリーから商品を探せるように、大きめの画像で直観的にイメージを伝えます。

ワイヤーフレーム Wireframe

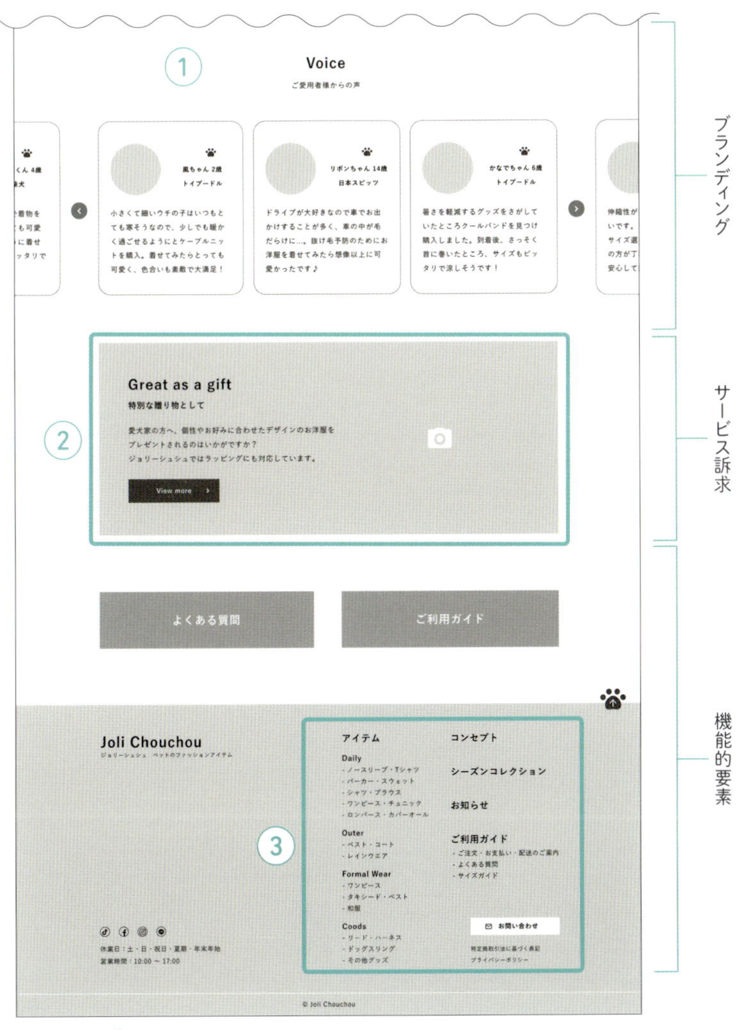

Layout point

① お客様の声

テキストのみだと味気ないので、ペットの写真も掲載し、読みたくなるような雰囲気に。写真にはアイキャッチの効果も。

② ギフトラッピング

贈り物用のラッピングができることをスマートに紹介。トップに表示しておくことで、ギフトに対応していることを周知します。

③ フッター

商品の小カテゴリーまで表示しておくことで、他の取り扱い商品も見て回ったり、サイト内を回遊できるようにしています。

デザインカンプ Design - 1st Take ヘッダー／メインビジュアル／インフォメーション／新商品

1 ペットのかわいさを表現できるような明るい配色に調整したいです。サイト全体もこのカラーに引っ張られてしまい暗い感じになっています

2 下にある大きめのイメージカットやベタ塗りに目が行ってしまい、弱い印象です

3 写真を複数枚使って、もっとにぎやかなイメージに

First check

直線的な整列したレイアウトが堅い印象

情報がきれいに整理整頓して並べられているため、視覚的に秩序のある堅い印象を与えます。ペットが元気に動き回るように、デザインに動きや遊びを意識して、背景色も明るくしましょう。

Color

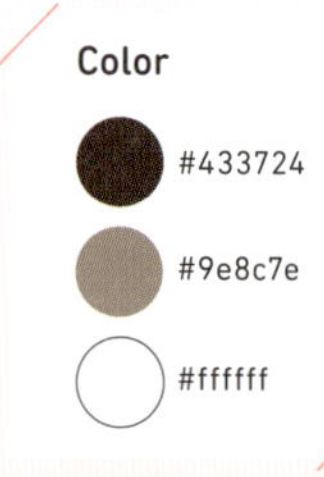

デザインカンプ Design - Final

ヘッダー／メインビジュアル／インフォメーション／新商品

1 明るい配色のイメージカットに変更。テキストまわりにあしらいを入れて、ペットのかわいらしさを後押し！

2 カード型にして影をつけ、リンクを強調。目を引くように工夫しました

3 配色や写真を調整し、にぎやかな印象に。中央の丸には影をつけて、さりげなく「押せる」感をプラス

Cool!!

水彩風の柔らかいあしらいを追加

サイトの背景にパステル調の丸いあしらいを、あえて中途半端な場所に配置しました。全体的に明るく、自由で遊び心のある雰囲気に。同じあしらいをページの下のほうにも適宜配置することで、サイト内のつながりや一体感のあるデザインになっています。

使用カラーもガラッと変えて明るい印象になった

Color

#876f5f
#fcf2f4
#fcfbe6

✓ デザインカンプ　Design - 1st Take

First check

こだわり部分の要素に一体感がほしい

枠に囲まれた見出し、整列した丸、曲線的な英語のあしらいで、それぞれがバラバラの要素を配置している印象です。
見出しは枠で囲まず、円形はラフなシルエットにするなど、柔らかい印象のテイストに統一してデザインに一体感を出しましょう。

柔らかさのある英語ときっちりした見出し

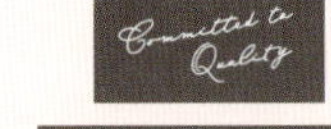

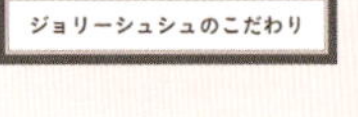

角のある長方形と円

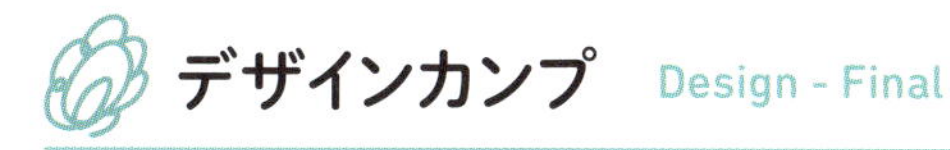

①
写真は正円ではなく、ゆるい円でトリミング。右側の背景は濃色のベタをやめ、水彩風のあしらいに変えて柔らかな印象に

②
こちらも、3つのこだわりをゆるい円に変更し、紙吹雪のあしらいをオン。位置をあえてランダムにすることでコミカルに。見出しもこのテイストに合わせて調整しました

③
他の部分とは異なる配色にして、パッと明るくなった

④
イラスト追加。ペットがいるかわいい世界観を表現

はみ出す配置で次のセクションへ視線誘導

写真やイラストをわざと下のセクションにはみ出したり重ねたりすることで、次のセクションへの視線誘導効果を狙っています。またデザインの一部をランダムな配置にすることで動きが出て、堅さを回避。遊び心が生まれます。

ワンちゃんの足跡が視線を誘導

写真を下のセクションにはみ出させている

デザインカンプ Design - 1st Take

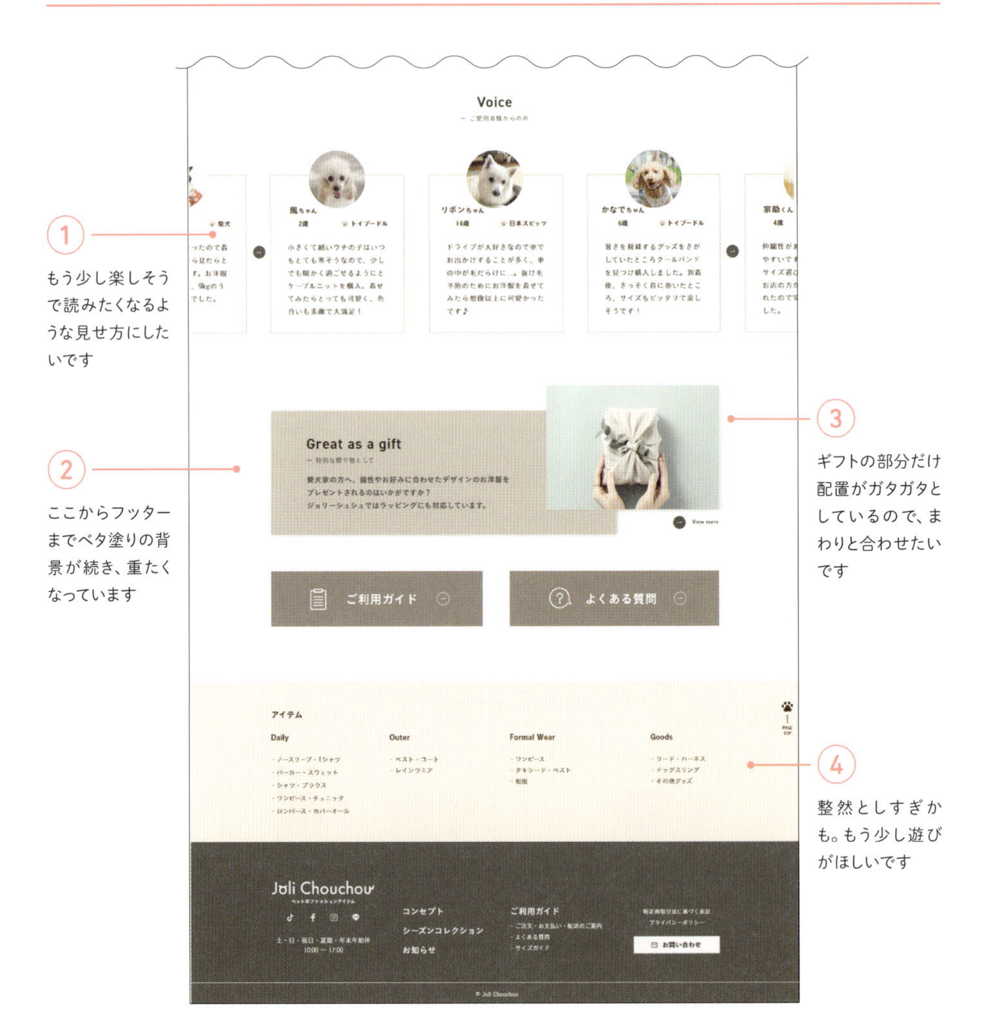

1 もう少し楽しそうで読みたくなるような見せ方にしたいです

2 ここからフッターまでベタ塗りの背景が続き、重たくなっています

3 ギフトの部分だけ配置がガタガタとしているので、まわりと合わせたいです

4 整然としすぎかも。もう少し遊びがほしいです

First check

ベタ塗りでデザインしてしまっている

ギフトからフッターまで、ベタ塗りが続いておざなりな印象です。見た目も重くメリハリもないため、もう少しアイデアを絞り出したいところ。抜け感を意識するなどして、デザインのクオリティをアップさせたいです。

ベタが続いておざなりな印象……

①
縁やあしらいを追加して楽しげな雰囲気にしました

②
ベタ塗りをやめてペット写真に変更。無機的だった印象を払拭できました

③
上下に線のあしらいを入れてセクションを区切りました。「抜け感」もあって◎

④
写真を追加してテキストばかりにならないよう調整。テキストリンクは右側にまとめたことで収まりもよくなりました

Cool!!

読みたくなるような見せ方の工夫

「お客様の声」は、3つの工夫でかわいい&読みたくなるような雰囲気になりました。

- 枠の内側に薄い色で太めの縁取り
- 吹き出しを追加
- 写真の脇に模様を添えて

ペット写真のかわいらしさも引き立った！

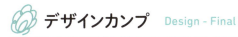

調整の軌跡 Brushup Process

●「コンセプト～こだわり」のデザインができるまで

Take1

重たく直線的な印象を変えたい（詳細はP.82参照）。

Take2

写真をぼかしている部分に違和感が…

●未掲載デザイン（シーズンコレクション）

Take1

テキストと写真を配置しただけのデザインになっているので工夫がほしい。

Take2

写真と境目のぼかし部分が馴染んでいない

Take 3

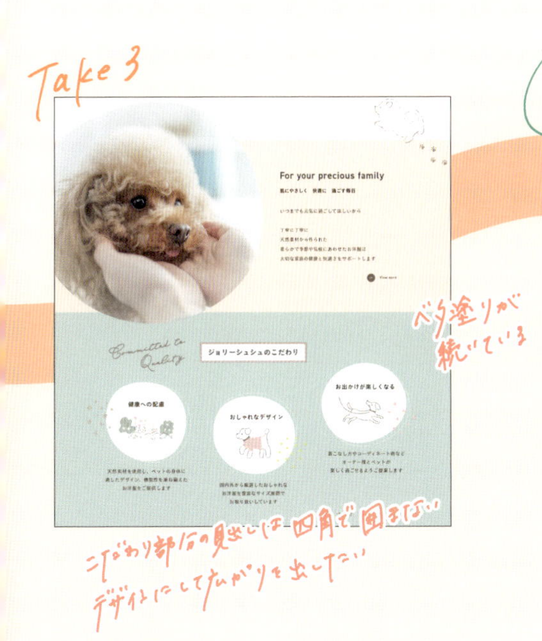

ベタ塗りが続いている

こだわり部分の見出しは四角で囲まないデザインにして広がりを出したい

OK!

白背景にして水彩のあしらいを追加。ゆるい円やランダム配置の効果も相まって、明るく柔らかい印象になった（詳細はP.83参照）。

Take 3

ベタ塗りのあしらいは変更したい

OK!

思いきって背景の配色をなくすことで抜け感が。「こだわり」と同じように写真をゆるい円で切り抜いたり、イラストを加えたりしたことでサイト内に統一感を出した。

Chapter 2-3

登山用品

雄大な山の魅力を感じるデザイン

ヒアリングシート Hearing Sheet

記入／HIKELIMER'S　オーナー様

HEARING SHEET

制作の目的・背景

機能や動きやすさ軽さなどの確認のために見て触って買いたい方が多いので、商品の販売がメインではなく、山に関する情報提供や、修繕などのフォロー、コミュニティづくりにより、店のファンを増やしていくことが目的。

ブランディング

ターゲット

軽い登山を一通り経験し、次のステップに進む中級以上の方。

CTA

性別	年代
男 ・ 女	10 ・ 20 ・ 30 ・ 40 ・ 50 ・ 60 ・ 70

事業内容

山梨を拠点に、登山用品を販売するアウトドア系セレクトショップ。
商品提供のほか、ギアの修繕、登山ツアーやイベントなども行っている。

事業訴求

Webサイトに期待する効果

単に商品を購入するだけでなく、情報やコミュニティを求めサイトを訪れることによるリピート率の向上。コミュニティが活発化することでSNS活動が促進され、ブランド認知度、イベント参加率の向上にも期待したい。またお客様の意見を参考にして、今後の商品展開やサービス向上にも取り組みたい。

ブランディング

事業の特徴・長所分析（強み）

製品に関する詳しい知識や情報を提供するだけでなく、登山に関するノウハウを提供することができる。イベントなどコミュニティの運営も行っており、安全に登山を楽しむためのケアもカバーしている。

特徴訴求

デザインテイストのご希望

・アウトドアのギアを連想させる配色、グリーン系カーキと黒など
・アルパインな感じのもの

ワイヤーフレーム Wireframe

Concept

商品を訴求するのではなく、読みものがメインになるイメージ。写真を活かしたビジュアルで、直観的に操作できるよう構成します。

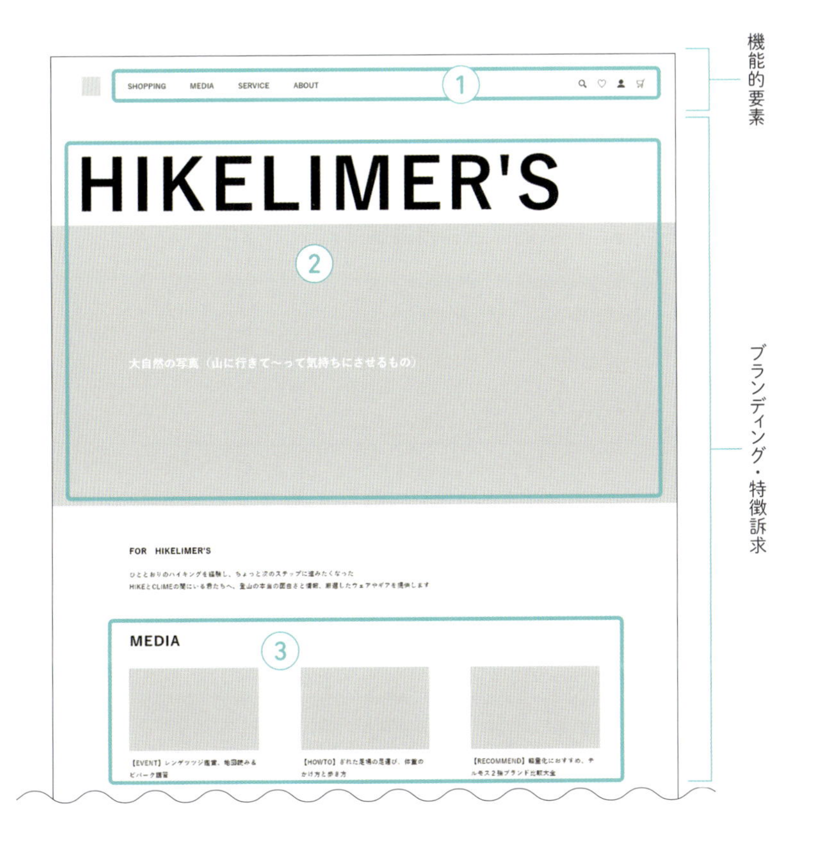

Layout point

① ヘッダー

メニューは、イメージを優先して英語表記に。右側にはネットショップに関連するアイコンをまとめています。

② メインビジュアル

登山中級以上がターゲットなので、シャープに写真とロゴで見せるレイアウトに。お店のロゴを大きく印象的に配置します。

③ MEDIA

山や商品に関する情報を提供する読みものがメインなので、ファーストビューのすぐ下に「最新記事」を掲載。

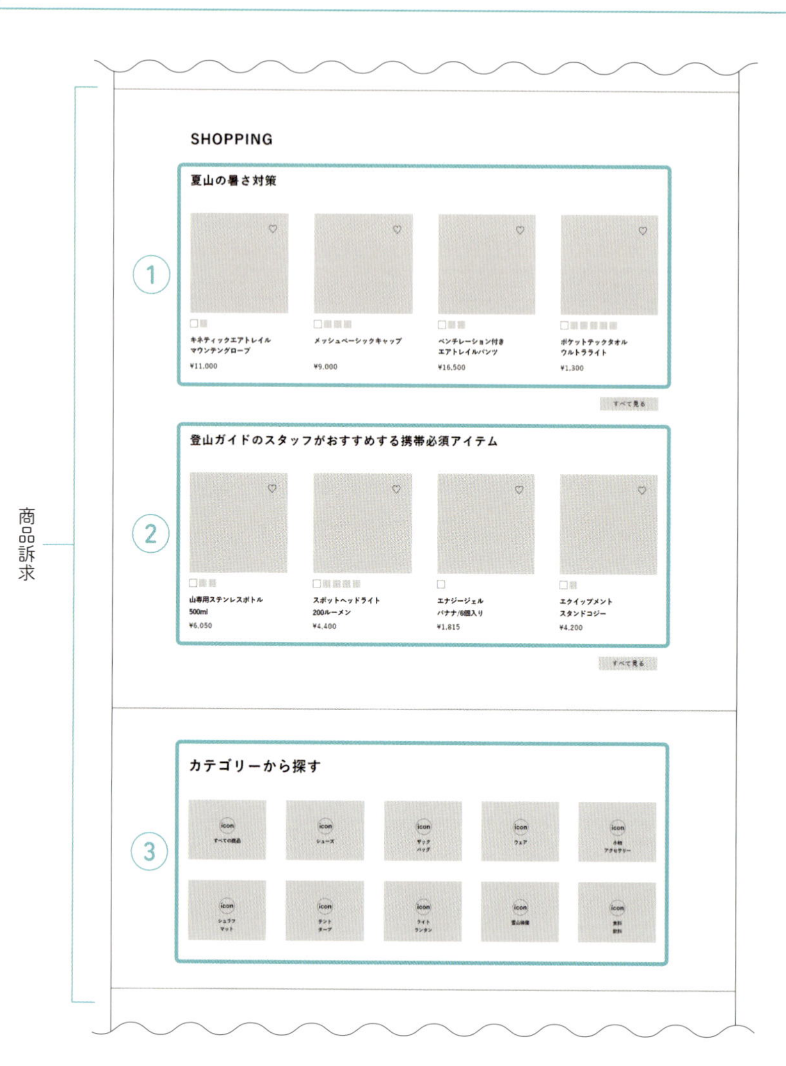

Layout point

① 季節商品

商品紹介は、需要が高まる「季節商品」を最初に紹介。時季に合わせて掲載内容を更新していく想定です。

② おすすめ商品

季節商品と同じレイアウトで「おすすめ商品」を紹介。売り感を押し出す必要はないので、商品数は控えめです。

③ カテゴリーから探す

アイテムの種類別に「カテゴリー」を設定。探しているアイテムからすぐに商品を探せるように。

ワイヤーフレーム Wireframe

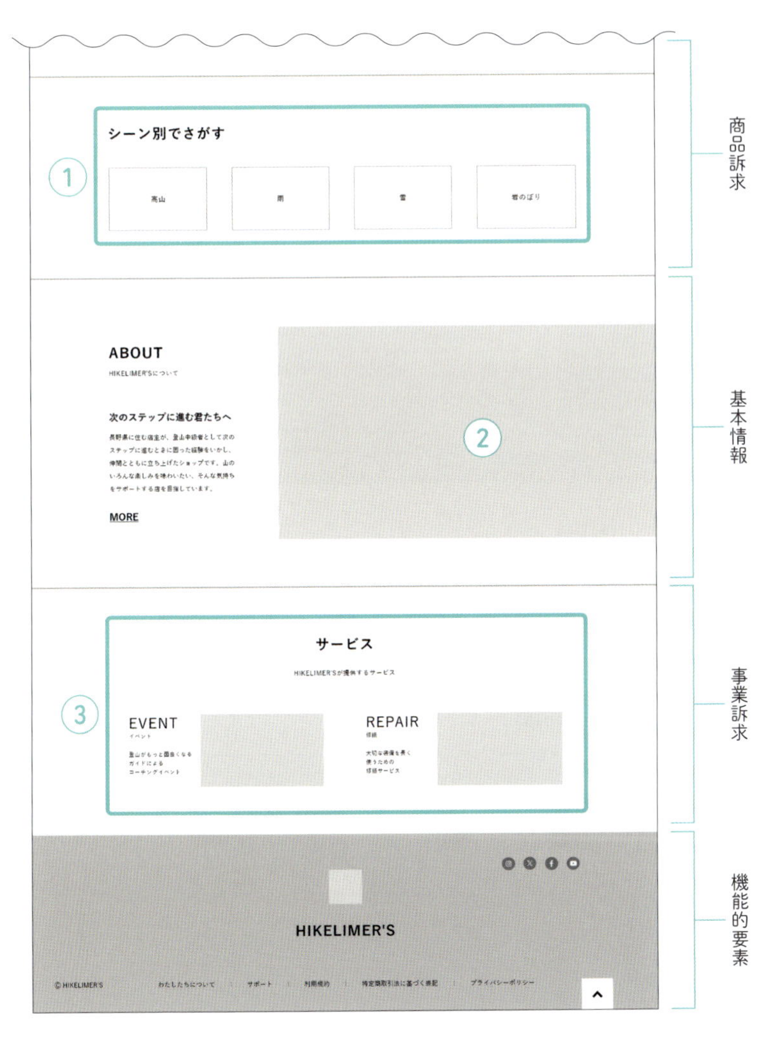

Layout point

① シーン別でさがす

アイテムの種類とは別に使う「シーン」から関連する商品を探せるリンクを設置します。

② ABOUT

実店舗を知ってもらえるように「お店の紹介」はスペースを広めにとっています。

③ サービス

ほかのサービスやイベント開催があることも知ってもらうために掲載します。それほど目立たせなくてもいいので配置は下部に。

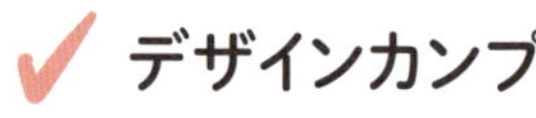

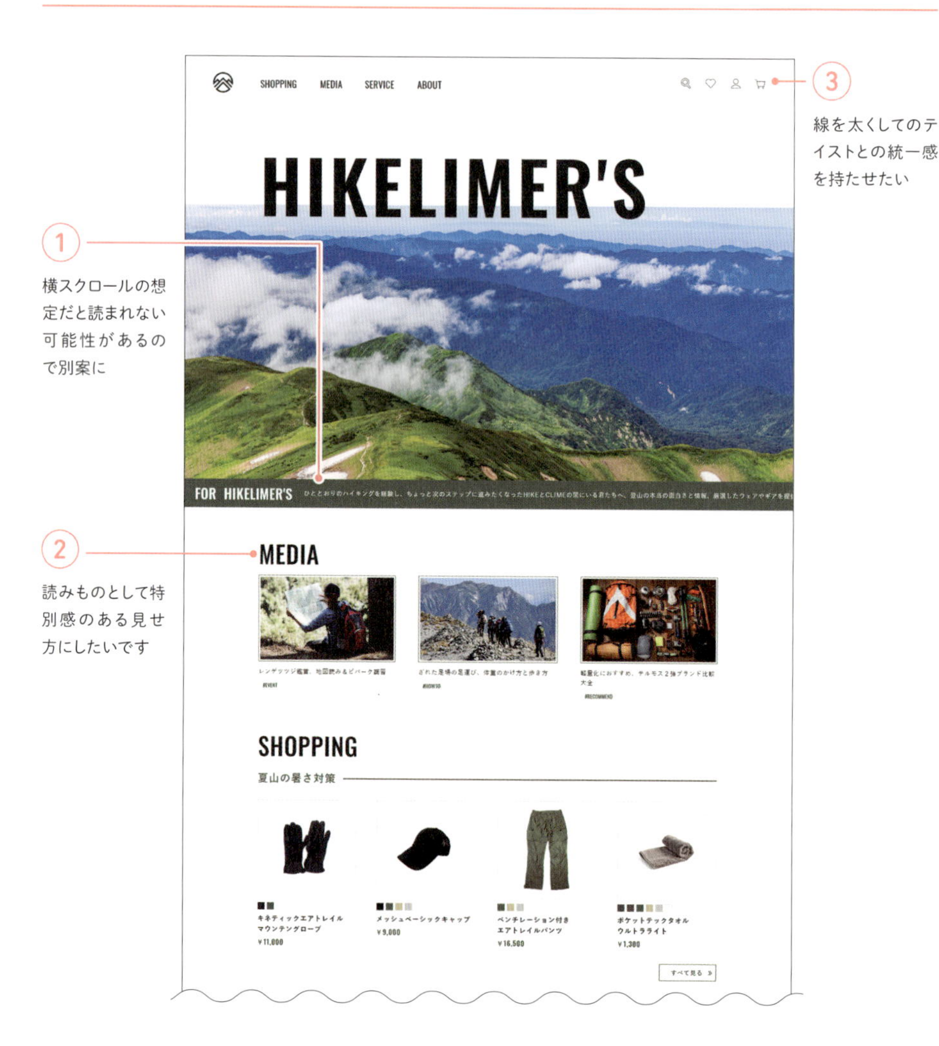

First check

「シンプル」×「モノクロ」が硬い印象

ファーストビューのイメージや全体の方向性はよいですが、配色のモノクロや整列したレイアウト、あしらいの少ないデザインのため硬さを感じます。コミュニティづくりやお店のファンを増やしていくことが目的なので、配色の調整や動きのあるレイアウトにして親しみやすさを感じさせるポイントがほしいです。

Color

- #4d624b
- #1B211E
- #ffffff

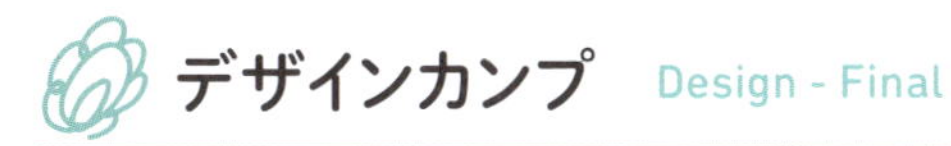

デザインカンプ Design - Final

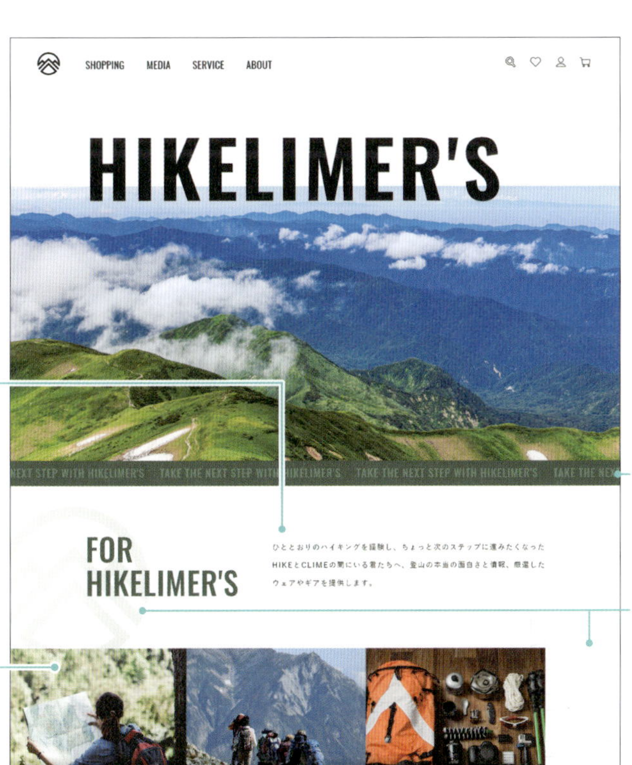

1 リード文は帯から出して、読みやすく配置しました

2 サイトのメインとなる記事は、写真を大きくして目を引くように

3 帯はあしらいとして残しました

4 見出しをカーキ色に。ロゴマークや見出しをはみ出させたり、縦に回転してあしらい、動きを出しました

Cool !!

「MEDIA」の見せ方を変えて読みたくなるデザインに

読みものっぽく目を引くように写真を大きく、テキストは写真の中に表示。写真の下のほうには白い文字が読みやすくなるよう半透明の黒を重ねています。
アイキャッチ画像はサイトの左寄りに配置し、あえて整いすぎないレイアウトに。

サイト幅に対し左に寄せて配置した

First check

四角い枠が並びすぎている

商品紹介から、カテゴリー・シーン別まで、四角い枠が並ぶ配置が続くので整列しすぎている印象です。デザインに広がりを出したいので「シーン別で探す」の部分は写真で直観的に伝えるイメージを活かしブラウザ幅いっぱいに大きくサイズを変えてみるのもよさそうです。

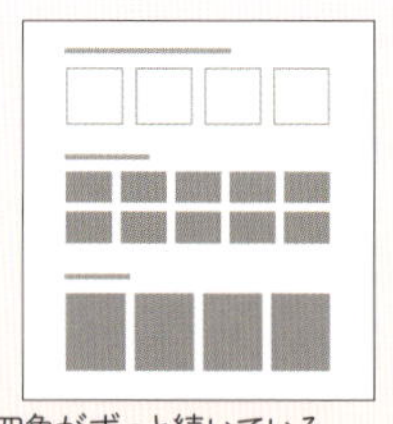

四角がずっと続いている……

1

「SHOPPING」のコンテンツには地色を敷いてくくりがわかるように。背景にグレーを敷いたことで商品紹介のデザインも変更

2

見出しに英字を加え、アイテム紹介の見出しと差を付けました

3

デザインに動きや広がりを出すために山のシルエットを配置。あえて見切れるようにして雄大な雰囲気を醸し出しています

4

写真の見せ方を大きく変えました

「シーン別で探す」は写真を活かした見せ方に

四角い枠でトリミングして並べたデザインから、思い切って写真を大きく、ブラウザ幅いっぱいに広げています。写真の境目を斜めにカットし、英字のあしらいは、少しはみ出すようにして上下に配置し動きを感じるデザインに。

リンクがわかりやすいように矢印も追加

①
商品にクローズアップした大きめの内観写真が重たい印象です

②
興味を引くようにデザインに工夫がほしいです

③
もう少し「らしさ」を感じさせるアイデアを入れたい

First check

どこか野暮ったさを感じてしまう

背景に広がりや雰囲気のある写真を置いたのはよかったものの、どこか野暮ったさを感じるデザインに。「ABOUT」の大きい写真や「SERVICE」で2つ並べた暗めの写真、ベタ塗りのフッターを改善し、「抜け感」を出したいです。

背景の写真は「ABOUT」と「SERVICE」をつなげる役割になっていてGood

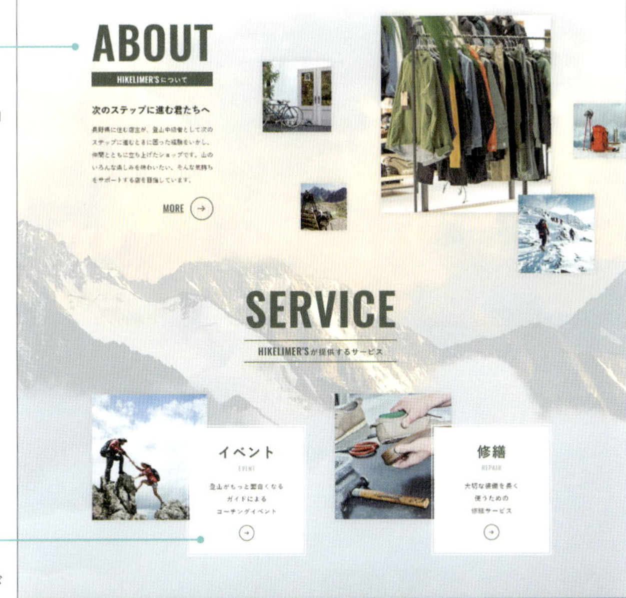

①
大小の写真を散りばめて楽しげな印象に

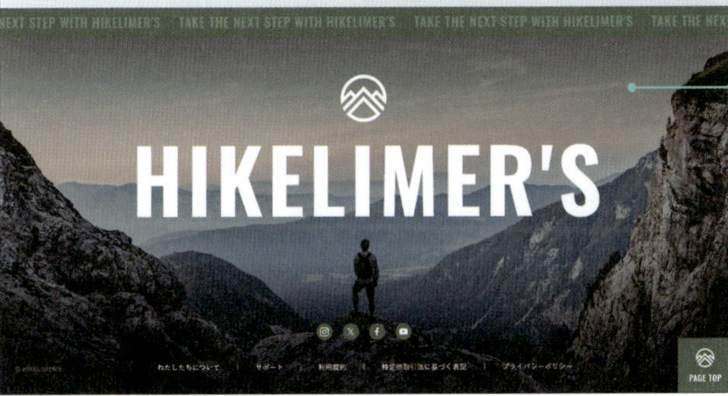

②
テキストで内容が伝わるようにしました。また「ABOUT」からつながりを持たせるため正方形の写真を配置

③
山の雄大さをイメージさせるフッターデザインに

Cool!!

ファーストビューとリンクするフッターデザイン

フッターの背景には、思わず惹き込まれる広大な山のイメージカットを使用。写真の境界にはファーストビューと同じ帯を配置したり、大きなロゴを置くことで、ページ上下の雰囲気がリンクし、統一感を持たせることができました。

ロゴ、アルファベットの「I」、人物の「縦のライン」がそろってバランスがよい

調整の軌跡 Brushup Process

●背景のあしらいをチェック

Take1

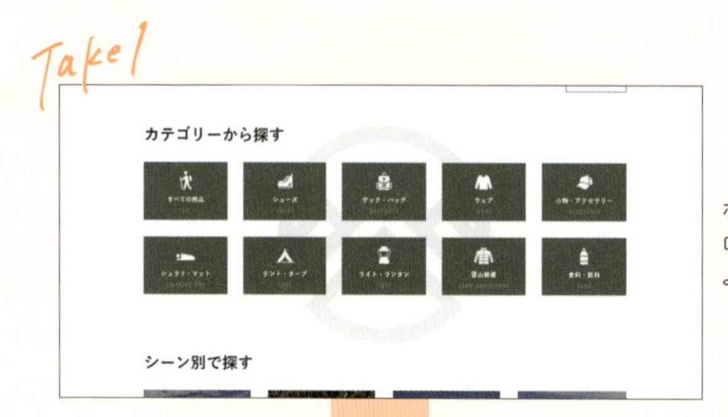

ボタンが並ぶ背景のあしらいに。
ロゴマークを置いていますがマークが隠れてしまい、よくわからないため、変更したい。

Take2

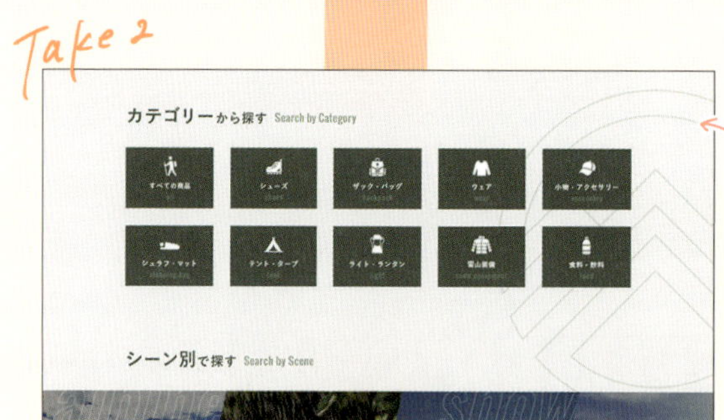

背景に地色を置き、ロゴのあしらいも変更。ただし、ほかでもロゴマークを使う箇所が増えたので、マーク自体を使わない方向性に

OK!

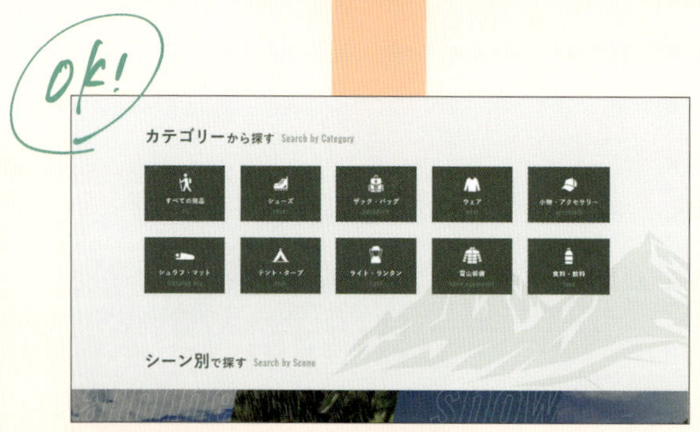

うっすらと山のイラストを配置。見出しのない右側に寄せて配置することで、右のスペースがさみしくなりません。

● 「SERVICE」をチェック

Take1

写真が暗く、イメージが湧かないこともあり興味をひきづらい印象です。

Take2

写真だけ大きく、スカスカしていて
ビジュアルだけで流し見してしまいそう

OK!

テキストは枠の中に収めて、写真に重ねて配置。バランスよくまとまった！

Column

ワイヤーフレームに引っ張られすぎないように

先述したように、デザイン制作はワイヤーフレームで行った情報設計をもとに「視覚設計」を行う工程です。ワイヤーフレームは、ウェブサイトの構造やレイアウト、コンテンツの配置など、情報設計の基本的な骨組みを示すものです。そのため、ワイヤーフレームをベースにそのまま装飾をするのではなく、デザインのフェーズでは、サイトのイメージやユーザーの操作性を向上させるために、色彩・タイポグラフィ・画像などの視覚的要素をもとに再定義が行われます。

視覚設計への再定義を行わず、ワイヤーフレームと同じレイアウトを希望している場合もあるので、受発注時には、意向を共有・確認するようにしましょう。

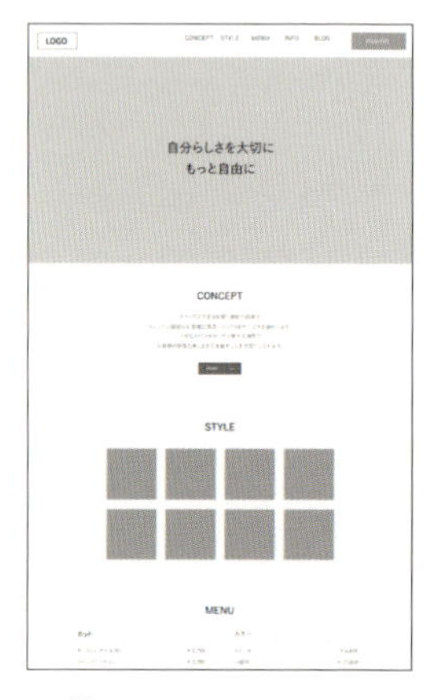

ワイヤーフレーム

ワイヤーフレームをベースにそのまま装飾をしたデザイン

ワイヤーフレームのレイアウトを改良したデザイン

ワイヤーフレームを離れ、視覚的に再定義したデザイン

Chapter 3

事例集：
シングルページ

Chapter

3-1 学習塾

子どもの成長を温かく見守るようなデザイン

ヒアリングシート Hearing Sheet

記入／スプラウト個別指導学院　教室長

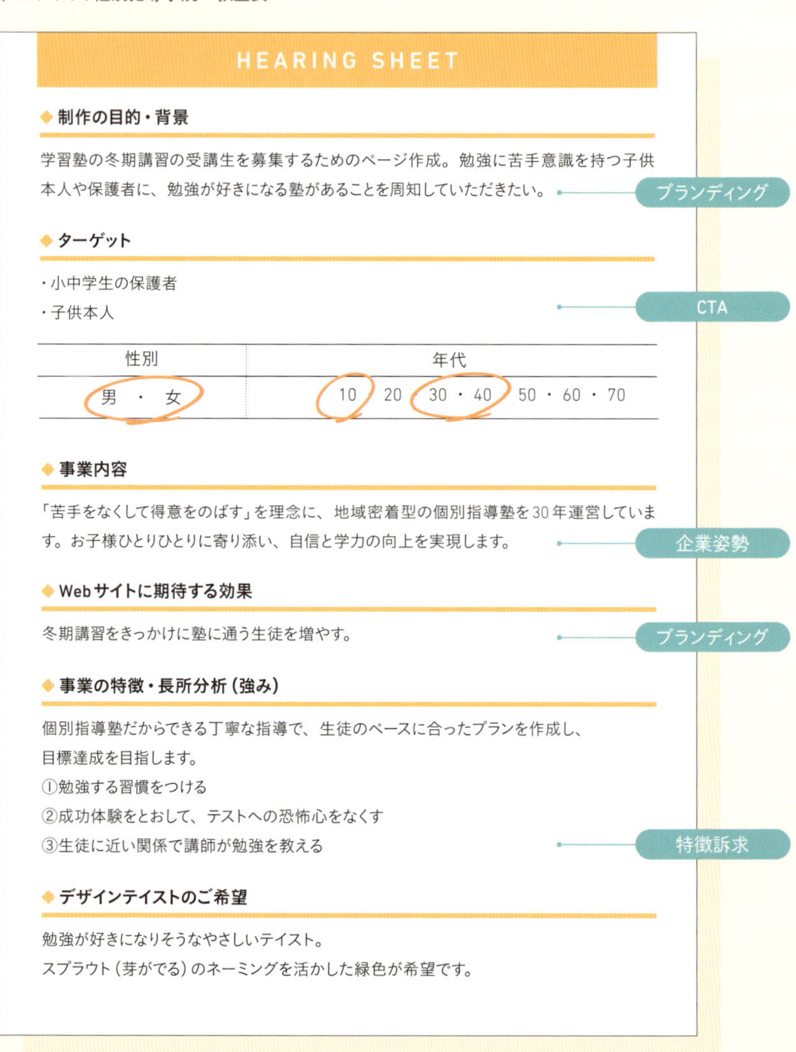

HEARING SHEET

◆制作の目的・背景

学習塾の冬期講習の受講生を募集するためのページ作成。勉強に苦手意識を持つ子供本人や保護者に、勉強が好きになる塾があることを周知していただきたい。

◆ターゲット

・小中学生の保護者
・子供本人

性別	年代
男・女	10・20・30・40・50・60・70

◆事業内容

「苦手をなくして得意をのばす」を理念に、地域密着型の個別指導塾を30年運営しています。お子様ひとりひとりに寄り添い、自信と学力の向上を実現します。

◆Webサイトに期待する効果

冬期講習をきっかけに塾に通う生徒を増やす。

◆事業の特徴・長所分析（強み）

個別指導塾だからできる丁寧な指導で、生徒のペースに合ったプランを作成し、
目標達成を目指します。
①勉強する習慣をつける
②成功体験をとおして、テストへの恐怖心をなくす
③生徒に近い関係で講師が勉強を教える

◆デザインテイストのご希望

勉強が好きになりそうなやさしいテイスト。
スプラウト（芽がでる）のネーミングを活かした緑色が希望です。

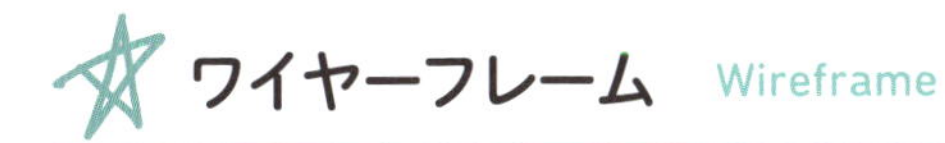

Concept

冬期講習に関する必要な情報を堅くならない言い回しで、見やすく配置。適宜イラストを盛り込む想定で、親しみやすく、ターゲットがクリックしたくなるようなデザインを目指します。

Layout point

① タグライン

メインビジュアルでは、この塾で何が解決できるのか、他塾との違いや特徴を伝えるコピーを掲載しています。

② 資料請求

冬期講習の日程と、興味を持った人がすぐに資料請求できるようにボタンを大きく配置しています。

③ お困りごとの掲載

人物イラストと吹き出しのあしらいで、よくあるお困りごとを紹介。見た人が自分事として読み進めてもらえるようにしました。

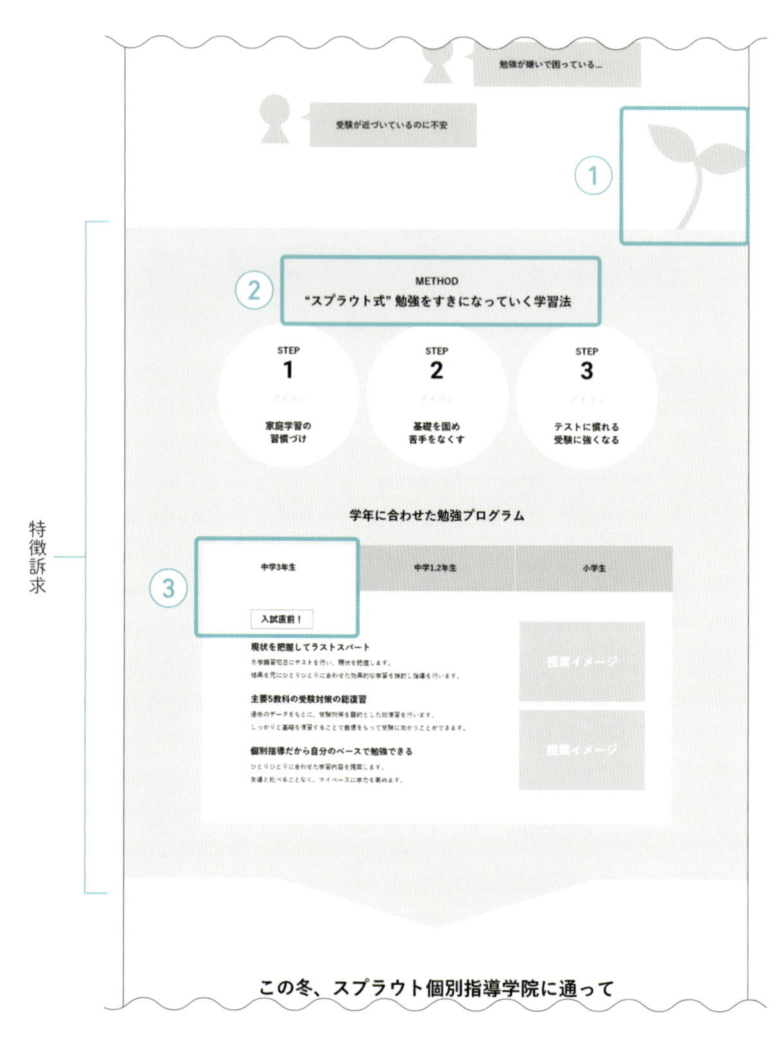

Layout point

① 葉のあしらい

教室名のスプラウトは「芽が出る」の意味があるので、芽が出て育んでいくイメージのあしらいをデザインに組み込みます。

② 特徴紹介

3つのステップで進めていく独自の学習法を紹介しています。季節講習の単体ページなのでここではコンパクトに扱います。

③ プログラムの並べ方

時期的に受験のニーズが多いことが考えられるので、デフォルトの表示は中学3年生に。内容にも受験対策を盛り込みます。

ワイヤーフレーム Wireframe

Layout point

① キャッチコピー

概要へと促す見出しは、特徴やネーミングにも関連するような文言に。サイト内で一貫性のある印象を与えています。

② 購買意欲の後押し

基準となる料金を提示し、「それだけではないよ」と特典を紹介することで「せっかくなら、この機会に」というお申込みの後押しに。

③ 申込ボタンの文言

見た人にどのようなアクションをしてほしいのかを考え、ボタンの中の言葉はユーザーの積極性を引き出せる能動的な文にしています。

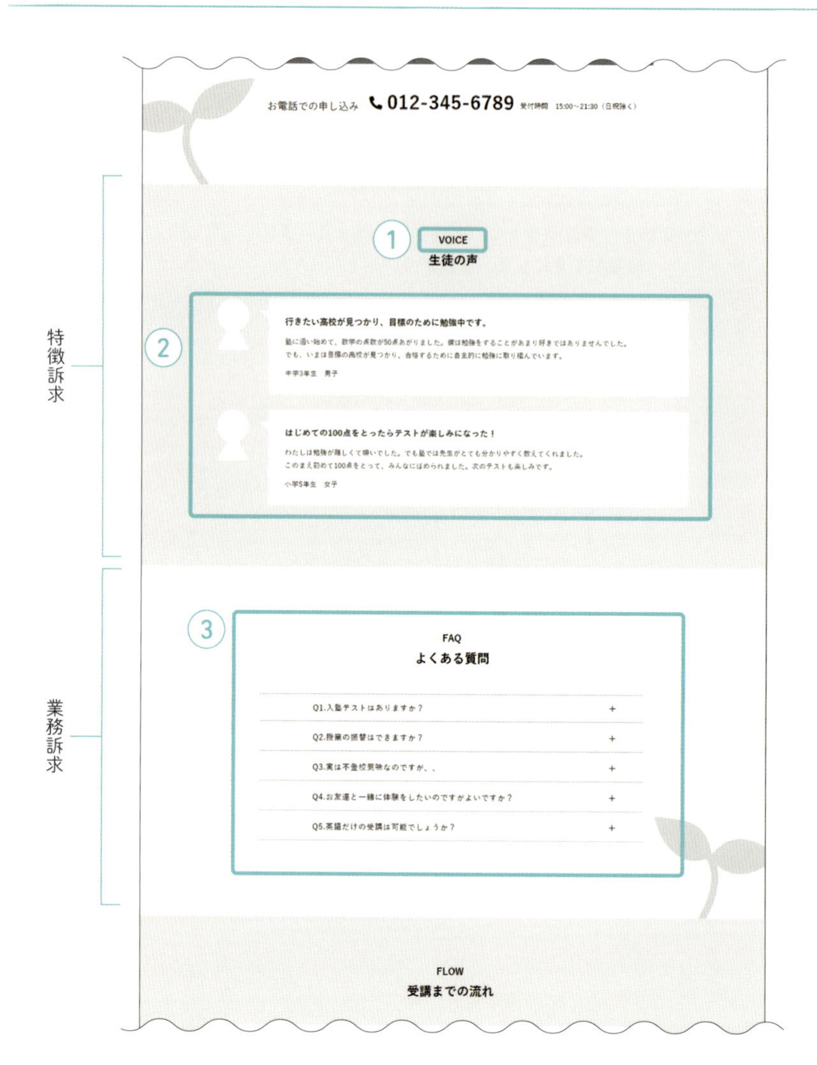

Layout point

① 英語のあしらい

デザインする際にアクセントとして使えるよう見出しの上には小さく英語を加えています。

② 生徒の声

簡潔に2名分のみ掲載。こちらも見た人が自分事として読んでもらえるようなデザインを意識します。

③ よくある質問

ユーザーの迷いを減らせるよう、よくある質問を掲載。シングルページなので項目数は少なめにしています。

Layout point

① 受講までの流れ

受講までの流れについて、簡単な文章を添え、わかりやすく4ステップにまとめて紹介しています。

②「無料」をアピール

あえて「無料」の文言を追加することで、費用がかからないことをアピール。ユーザーに安心して次のページに進んでもらえます。

③ CTAボタン

一番下にも資料請求とお申込みのボタンを横並びに配置。誘導しやすいよう、大きめのボタンにしています。

デザインカンプ Design - 1st Take

First check

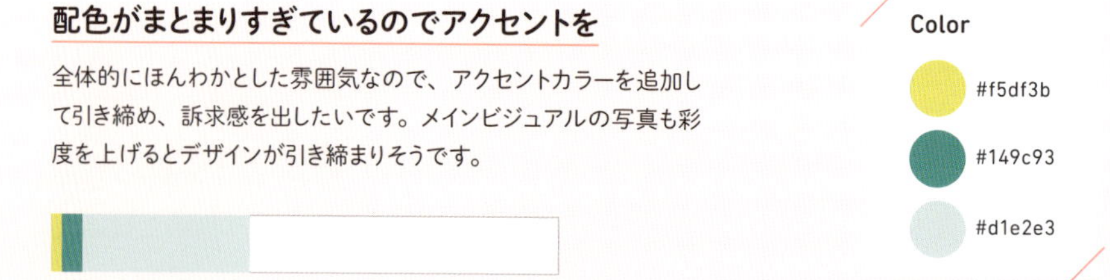

配色がまとまりすぎているのでアクセントを

全体的にほんわかとした雰囲気なので、アクセントカラーを追加して引き締め、訴求感を出したいです。メインビジュアルの写真も彩度を上げるとデザインが引き締まりそうです。

Color

- #f5df3b
- #149c93
- #d1e2e3

1 窓枠をカットしたことで、スッキリしました

2 日程が大きく目立つようになりました

3 黄色のバッジをつけたり、「押せる感」が出たことで、サイズが小さくても目に留まるデザインに

4 電話のアイコンを加え、番号を大きくしたことでバランスがよくなりました

5 ボタンのあしらいも調整したことでゴールへの誘導が引き立ちます

6 セクションで区切らず、背景をグラデーションでぼかしてつなげた。雪の結晶も下のほうまでちりばめ視線誘導の効果も

Cool !!

アクセントカラーを追加し、メリハリが出た

メインビジュアル部分の文字にはマーカーを引き、伝えたいことを強調。白枠部分にもクリップと花マルのモチーフをプラスして、勉強の雰囲気づくり。赤色を加えたことで明るい印象になりました。

Color

#dc5d5c

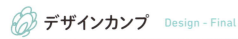

黄色の配分を増やしたり、赤色を加えることでアクセントに

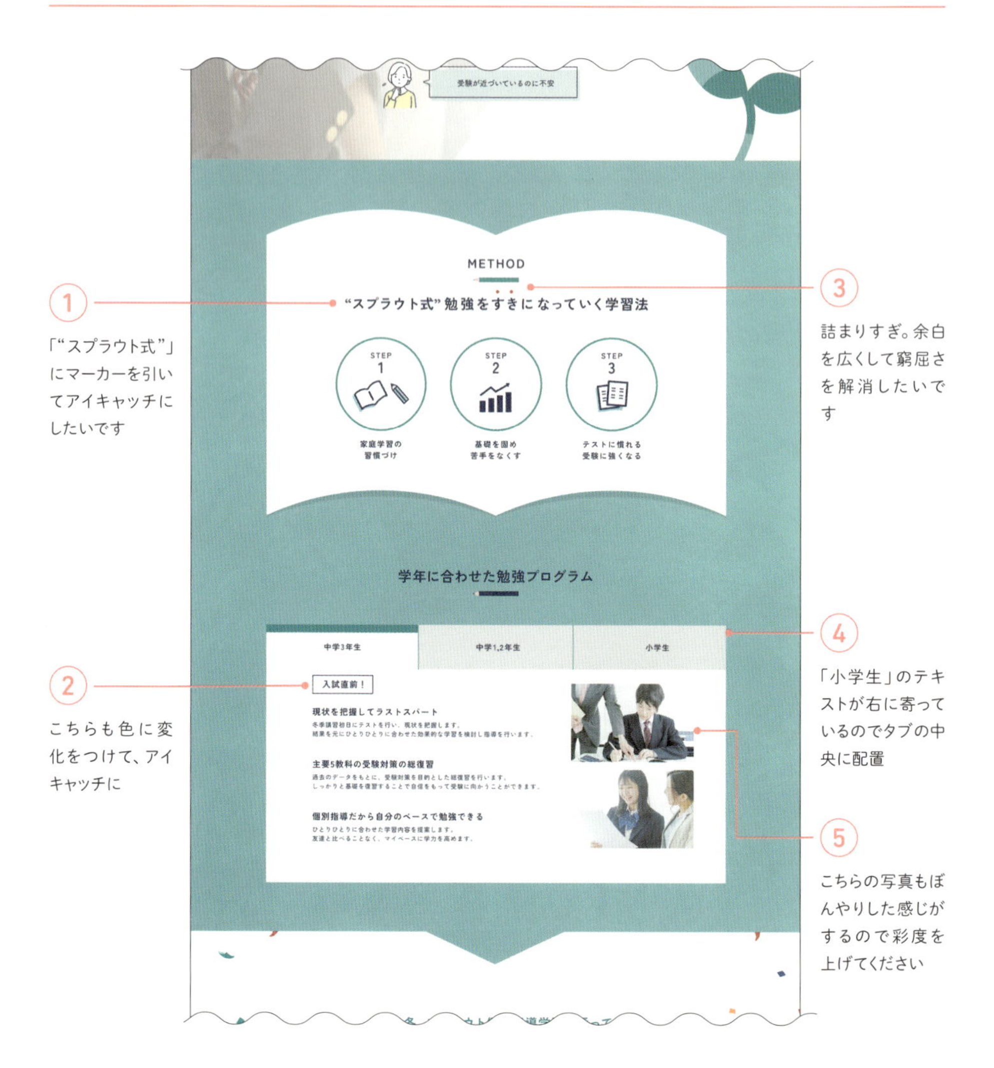

First check

写真の彩度

ふんわりとした世界観を作りたいときは写真の色をハイキー（※）に調整することもあります。しかし、ここでは成果につながりそうなポジティブさを表現したいので、彩度高めのハッキリとした色合いの写真がふさわしいです。

※ハイキー：全体を明るく爽やかに仕上げた写真のこと

元画像　　1stテイク

少し暗い印象なので明るさを調整したが、明るすぎて靄（もや）がかかった感じになっている

デザインの方向性とモチーフ

ヒアリングの内容から、右のような方向性をピックアップし、勉強に関連したモチーフ（本・鉛筆・ペン・紙など）を上手に盛り込んだデザインになっています。

- がっつりした進学塾ではない
- 親しみやすい
- 勉強が楽しくなる
- やさしい
- 子供目線で寄り添う

1
両サイドの紙吹雪のあしらいと温度感が合うように、色やあしらいなどで変化がほしいです

2
ボタン感を強調したいので、アイコンは矢印だけに。矢印には丸を付けてください

3
ボタンの幅を上のテキスト幅と同じにすると配置がガタガタしません

4
電話番号の先頭にアイコンを追加

細かな配置にも注意

黄色のボタン内、左側のアイコンだけ配置が少し上に上がっています。配置をきれいにそろえるだけで、見た目の印象が変わるので細かな部分にも気を付けましょう。

最寄りの教室

よく見ると、左のアイコンの位置がずれている……

1
両サイドの紙吹雪との温度感もマッチしました

2
ボタンの影を強く、矢印のアイコンを調整したことで、ボタンの存在感がアップ

3
ボタンの幅を上のテキスト幅とそろえたことでガタつきを回避

4
アイコンをつけて、電話番号であることがパッとわかりやすく

袋文字のあしらいを調整して目を引く見出しに

見出しのテキストは配色を変更したことでポジティブな印象に。さらに文字サイズに強弱をつけたことで、大事なキーワードがパッと目に飛び込んできます。

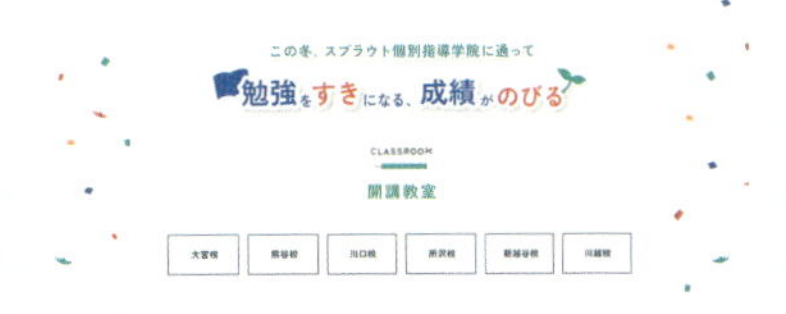

両サイドの紙吹雪との温度感もマッチした

First check

「よくある質問」の部分に工夫がほしい

ワイヤーフレームのままのデザインということもあり、単調でやや物足りない感があります。配置やあしらいを工夫して、機械的な印象を払拭しましょう。

ただ文字を置いただけ……？

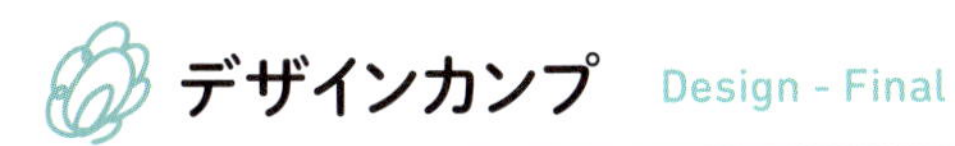

見出しの配置を変え、あしらいにも変化をつけた

「よくある質問」の部分は、見出しとコンテンツを横並びにして変化を加えました。また背景が明るいので見出しの配色も明るく、葉や人物イラストを追加。保護者はもちろん受講者本人も読みたくなるような雰囲気を演出しました。

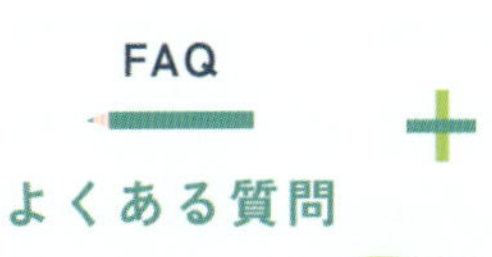

ちょっとしたあしらいをプラスしただけで、見た目の印象が大きく変化！

デザインカンプ Design - 1st Take

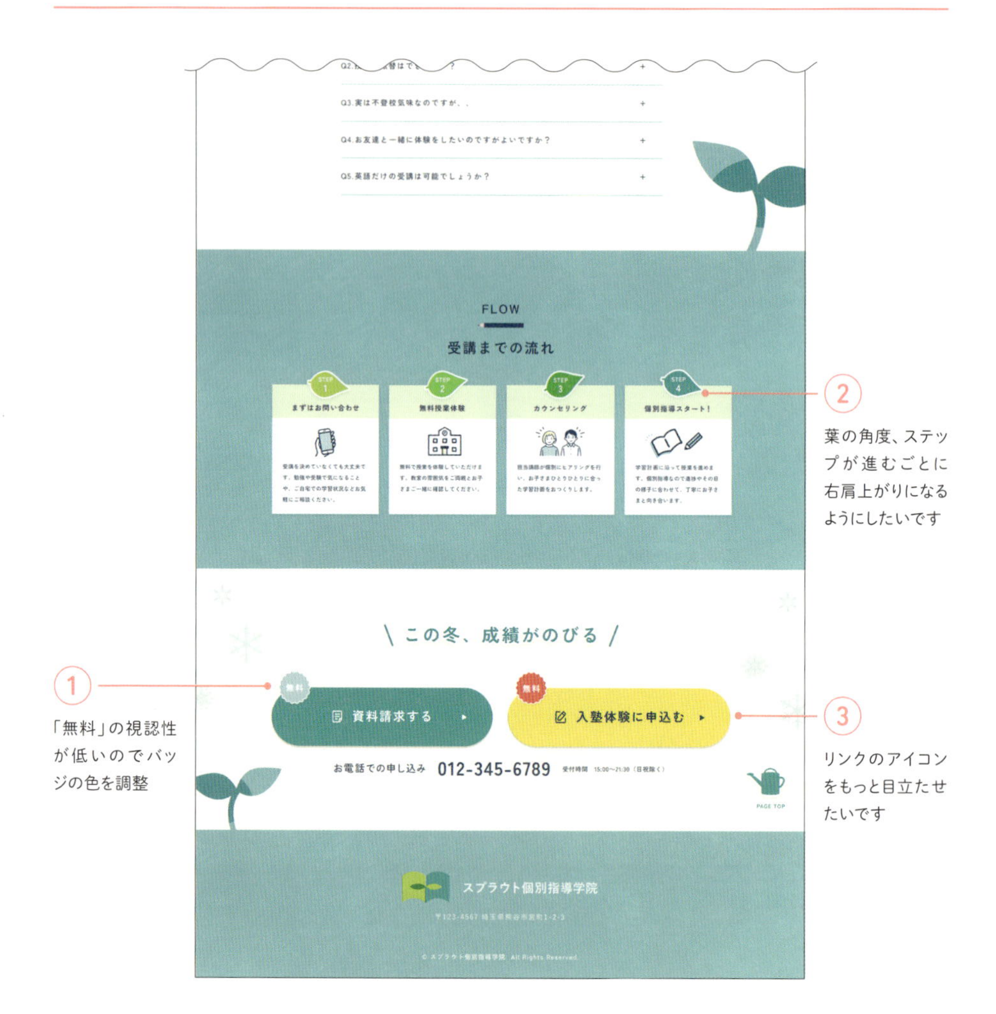

①「無料」の視認性が低いのでバッジの色を調整

② 葉の角度、ステップが進むごとに右肩上がりになるようにしたいです

③ リンクのアイコンをもっと目立たせたいです

First check

アイコンを調整して、メリハリを出したい

ボタン内の矢印は、大きめの丸で囲みリンクであることをパッと見てわかりやすく、電話番号にもアイコンをつけると目に入ったときにこの数字が電話番号であることが認識しやすくなります。アイコンを調整することでデザインにもメリハリを出すことができます。

右端の矢印を丸で囲むとよさそう！

012-345-6789

数字の先頭にアイコンをつけるとよいかも！

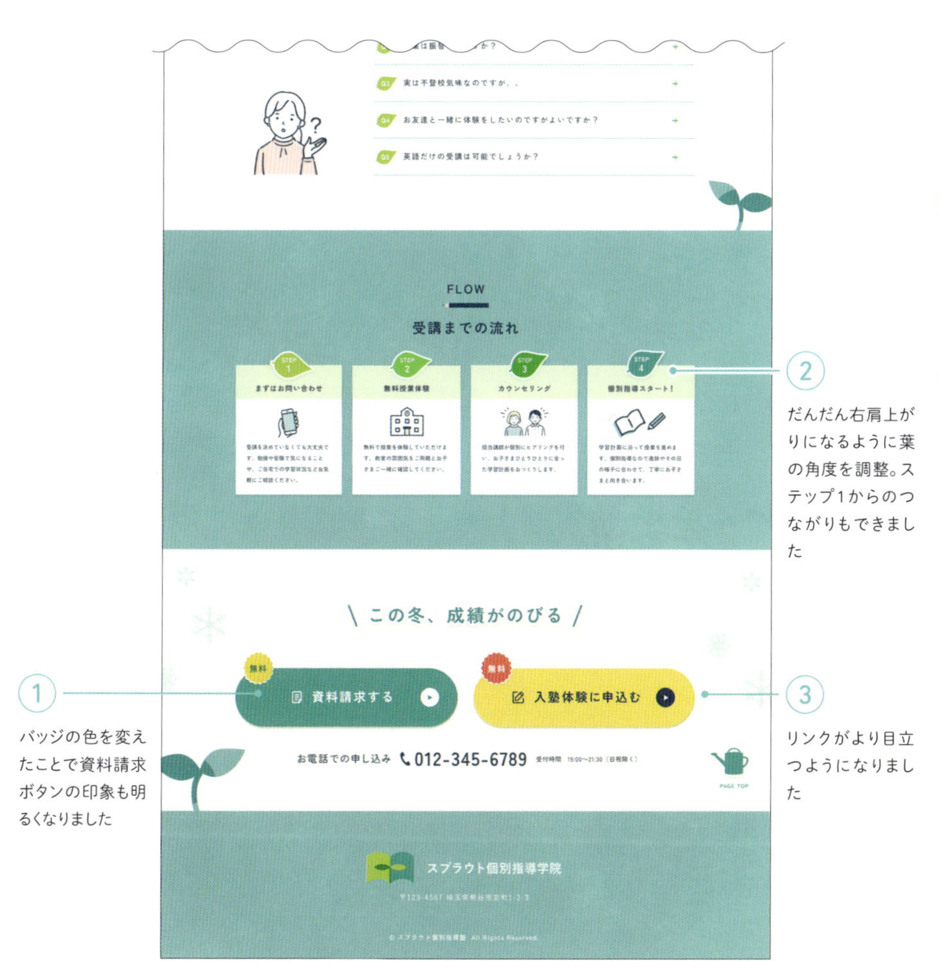

① バッジの色を変えたことで資料請求ボタンの印象も明るくなりました

② だんだん右肩上がりになるように葉の角度を調整。ステップ1からのつながりもできました

③ リンクがより目立つようになりました

Cool !!

最後までモチーフを上手に使ったデザイン

ページのはじめで使っていた雪の結晶のあしらいをフッター部分でも使うことでサイトの統一感を演出しています。また、ページトップに戻るアイコンは「じょうろ」に。クリックすると水やりするような動きがあるとおもしろそう！

最後まで「スプラウト」のイメージにぴったりなあしらいを使用

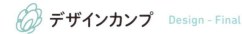

調整の軌跡 Brushup Process

ワイヤーフレームとデザインカンプの比較

ワイヤーフレームでは上下に配置した情報を
デザインでは横並びにしたパターン 2 例

ワイヤーフレーム

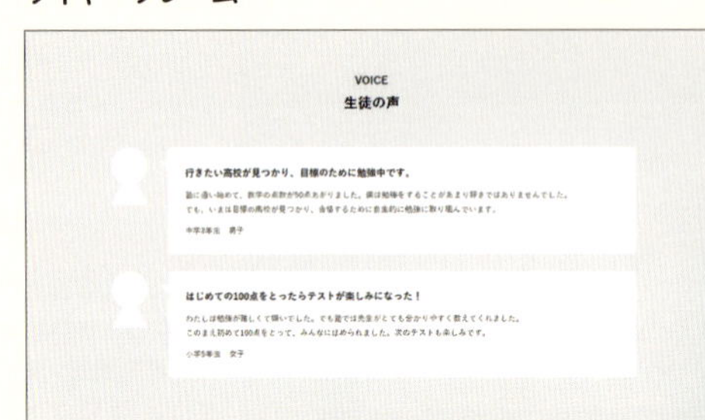

ワイヤーフレーム時は吹き出し形でしたが、他のセクションでも吹き出しのデザインがあるので、こちらではメモ用紙をイメージするデザインに。ただし、人の気配はほしいので、人物イラストを入れています。

デザインカンプ

ワイヤーフレーム

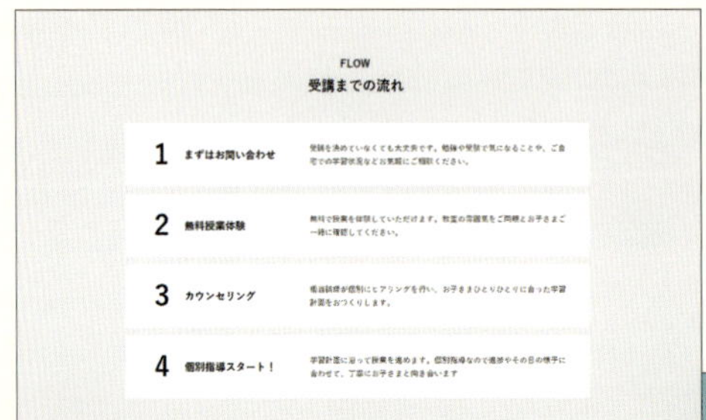

ワイヤーフレーム時は、フローを縦並びにしていましたが、イラストやアイコンとのバランスを考えて、横並びに変更。結果、読みやすくコンパクトにまとめることができました。

デザインカンプ

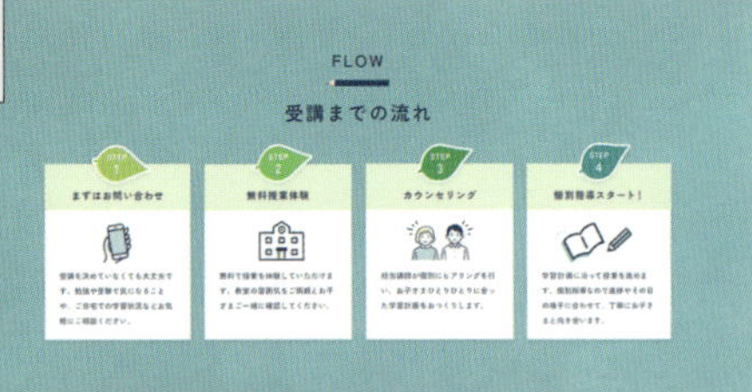

メインビジュアル調整の裏側

ボタン内のアイコン＋テキストと、
付せん内のテキストを
センターぞろえに

ボタン内左側のアイコンはカット。ボタンに影をつけて押せる感を出した。また、電話番号も大きく調整

Chapter 3-2

観光ホテル

随所に和のあしらいを散りばめたデザイン

ヒアリングシート Hearing Sheet

記入／和雅リゾートホテル　発注ご担当者様

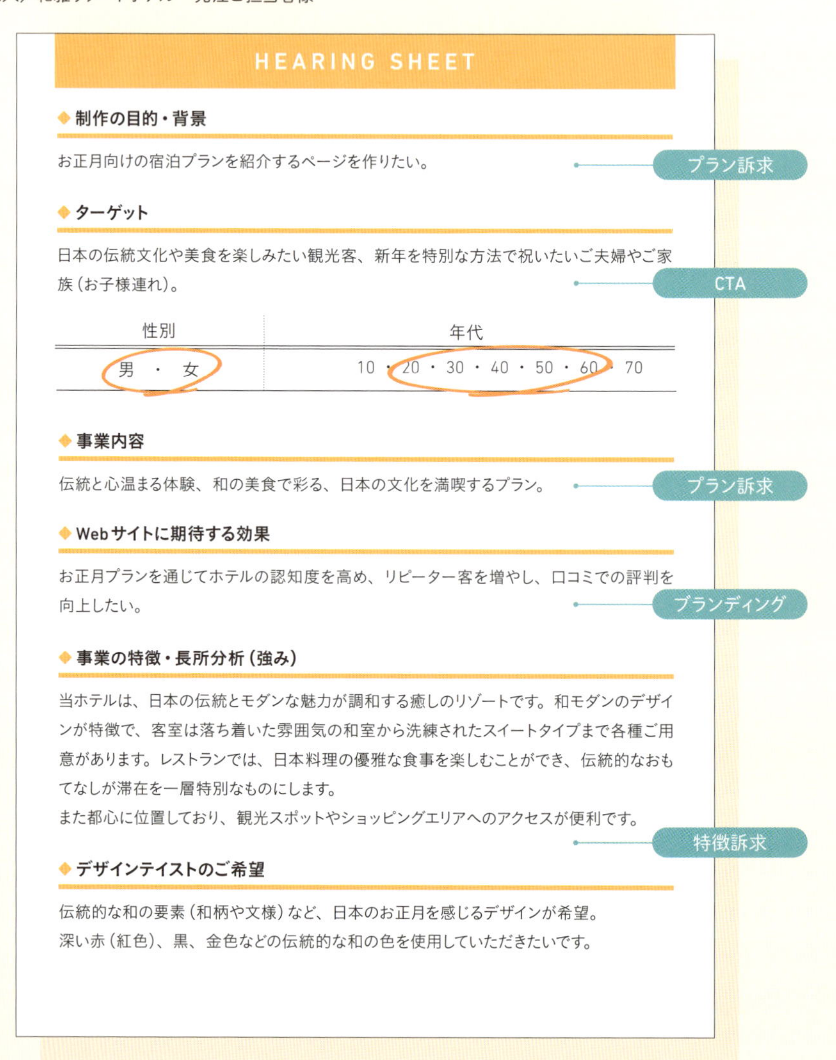
HEARING SHEET

◆制作の目的・背景

お正月向けの宿泊プランを紹介するページを作りたい。

◆ターゲット

日本の伝統文化や美食を楽しみたい観光客、新年を特別な方法で祝いたいご夫婦やご家族（お子様連れ）。

性別	年代
男・女	10・20・30・40・50・60・70

◆事業内容

伝統と心温まる体験、和の美食で彩る、日本の文化を満喫するプラン。

◆Webサイトに期待する効果

お正月プランを通じてホテルの認知度を高め、リピーター客を増やし、口コミでの評判を向上したい。

◆事業の特徴・長所分析（強み）

当ホテルは、日本の伝統とモダンな魅力が調和する癒しのリゾートです。和モダンのデザインが特徴で、客室は落ち着いた雰囲気の和室から洗練されたスイートタイプまで各種ご用意があります。レストランでは、日本料理の優雅な食事を楽しむことができ、伝統的なおもてなしが滞在を一層特別なものにします。
また都心に位置しており、観光スポットやショッピングエリアへのアクセスが便利です。

◆デザインテイストのご希望

伝統的な和の要素（和柄や文様）など、日本のお正月を感じるデザインが希望。
深い赤（紅色）、黒、金色などの伝統的な和の色を使用していただきたいです。

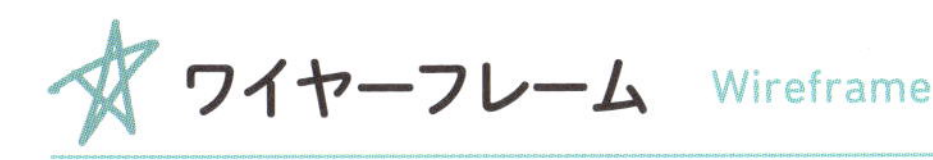

ワイヤーフレーム Wireframe

Concept

プランの詳細情報を整理しまとめ、1ページで訴求できる構成に。魅力が伝わるイメージカットを多めに盛り込みます。

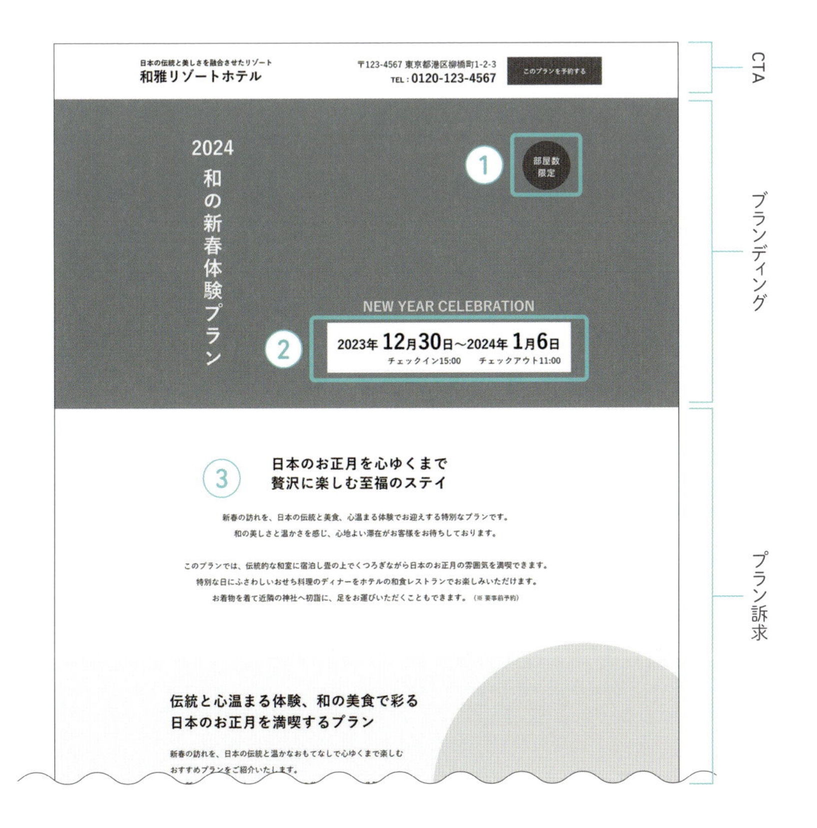

Layout point

① 「限定」のアピール

数が限られていることがわかる文言を入れています。希少性の原理で、予約意欲を高めます。

② 「期間」の掲載

プランの適用スケジュールは、目立つところに掲載します。具体的なスケジュールはユーザーにスムーズな行動を促します。

③ 導入文

プランの詳細（魅力）を紹介する前に概要を伝えることで、年末年始の特別感のあるコンテンツへ引き込みます。

ワイヤーフレーム Wireframe

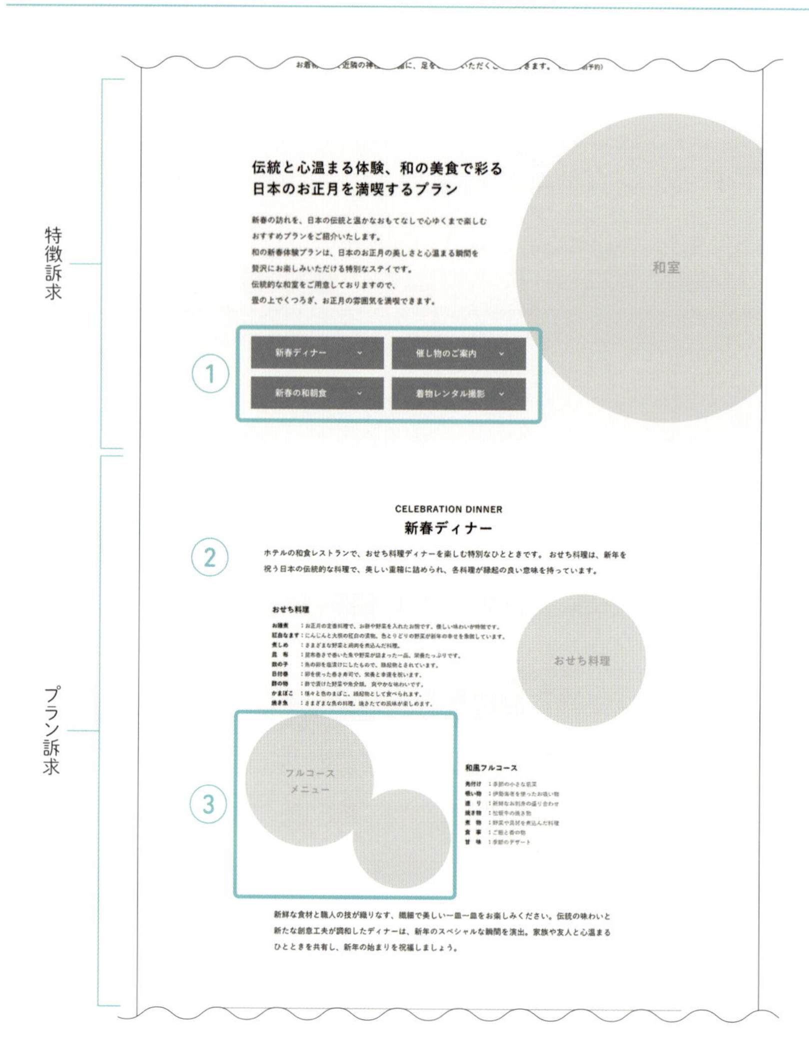

① アンカーリンク

ページが長いので、ざっくりと内容が把握できるアンカーリンクを目次的に設置しています。

② ディナーの詳細

プランのメインとなる新春ディナーを詳しく紹介しています。しっかりと掲載することで、特別感が増します。

③ メニュー写真の掲載

ディナーの雰囲気が伝わる複数の料理の写真を大きめに配置。料理の細部（質感や色合い、盛り付け）を強調します。

ワイヤーフレーム Wireframe

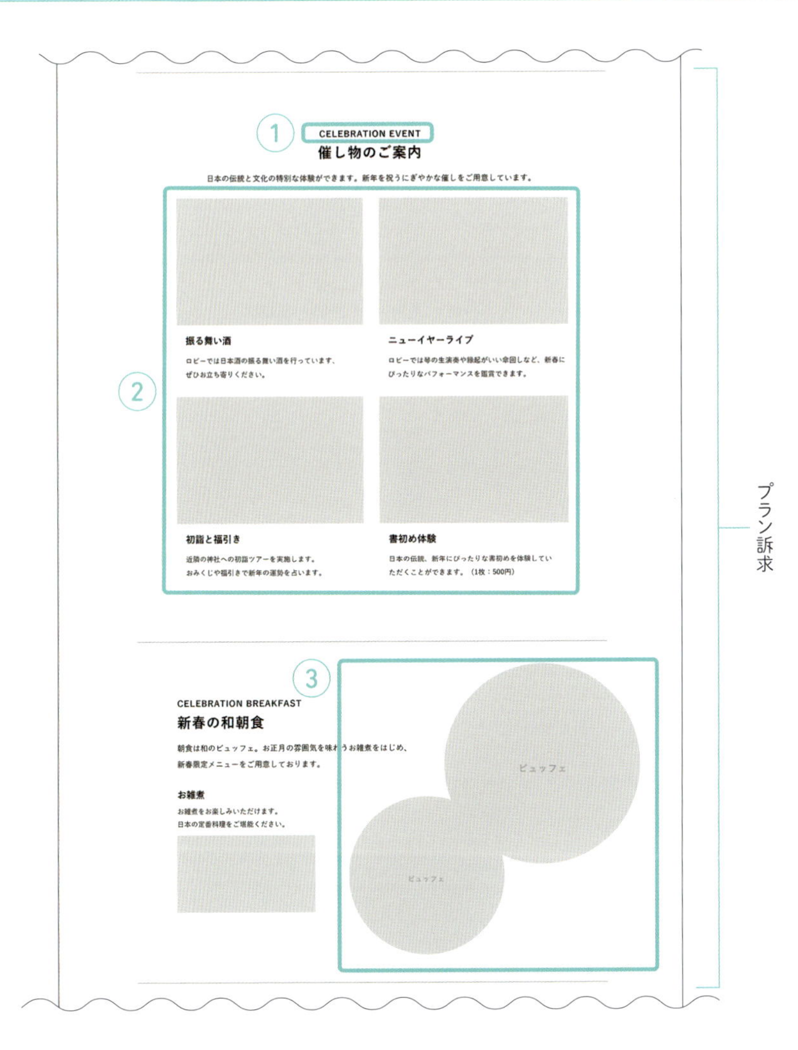

① 英語のあしらい

見出しの上には小さく英語を加えています。他の情報との区別がしやすくなり視覚的なアクセントが生まれ、見出しがより目立ちます。

② 催し物のご案内

このプランで体験できる催し物のセクションを設けました。ここまでの左右交互の配置から、いったん情報を整列してまとめています。

③ 朝食の詳細

ディナー同様に料理の写真を大きめに配置するレイアウトに。サイト内に統一感を持たせるようにします。

Layout point

① 着物レンタル・撮影

予約が必要となるイベントのため、別セクションで紹介しています。見出し部分に「事前予約」がわかる囲みを添えています。

② バーの紹介

特別メニューがあるバーの紹介。関連するサービスがある場合にはできるだけ盛り込むことで、ページの充実→集客につながります。

③ レイアウトの工夫

ブラウザ幅いっぱいに画像を配置するレイアウトにして、他とは違う見せ方にします。プラン紹介の締めとして下のセクションとの仕切り役にも。

Layout point

① 料金の掲載位置

プランの情報や魅力を先に掲載し、その価値を理解してもらうことで、最後に料金を見たときの抵抗感を減らします。

② ご予約ページの導線

予約ページは既存のシステムを利用する想定で、ページへの導線ボタンを大きめに配置しています。

③ フッター

シングルページなので、フッターは「宿泊約款」「プライバシーポリシー」のリンクのみで簡潔に。

デザインカンプ Design - 1st Take

① タイトルが弱いです。下の華やかなコンテンツを総称する言葉なので、もう少し引き立てたいです

② 改行を少なくして高さを抑えたいです

③ アンカーボタンは見出しより小さく。ボタンのグラデーションは横向きではなく縦向き（上下）に変更したほうがボタンらしくなります

④ アイコンが大きく、文字が弱いです。文字はわかりやすいゴシック体に

⑤ 白く空いているので、左下の写真を少し重ねる

⑥ 間が空いてしまうので余白を詰めたいです

First check

新春の華やかさをプラスしたい

赤とオレンジで「日の出をイメージしたグラデーション」の背景にはテクスチャをプラスするとのっぺりした印象をおさえることができそうです。全体の方向性はとてもよいので、タイトルを新春らしい華やかな印象にしましょう。

Color

- #d4a322
- #e34f44
- #33332a

1 フォントや文字の太さを変更。色を足して華やかな雰囲気になるよう調整しました。あわせて背景写真を少し暗くして文字を読みやすく

2 改行位置を変更し広がりを出したことで、左右の写真とうまく絡んでいます

3 ボタンを小さくして横並びに。ボタンらしく見えるようにグラデーションの向きを変え、影を追加しました

4 文章を短くして、フォント・太さを変更。ボタンのサイズは小さくしたが、背景色とのコントラストで、逆に目立つように

5 写真を重ねてコンパクトにまとめました

6 間が空きすぎずに下へ誘導

Cool !!

デザインは大きく変えずに印象をアップした

背景に和紙のテクスチャを入れたことで、趣のある和の世界観がアップ。またタイトルの文字に付けた差し色は、八角形で切り抜いた写真の背景に少しずらして重ねた塗りの色とリンクする配色です。

背景に和紙のテクスチャを追加

和の新春体験プラン

文字につけた差し色は八角形の色とリンク

① 白文字が多いので、英語の見出しはゴールドに。また、英語見出しのサイズはすべて統一してください

② ひし形、扇形、格子柄など、さまざまな形状のあしらいがあり、ゴテゴテしています

③ 扇形のデザインと下の写真とのつながりが出るように、お料理の写真を大きくして周辺をぼかしてみましょう

④ 見出し下の線のルールを統一（写真まで線を延ばして、くっつけているものと、くっつけていないものがあるため）

⑤ 全体の雰囲気からすると、あしらいが少しカジュアルな感じです

⑥ ラインは見出しについている、といったルールで統一

First check

あしらいを抑えて上品にまとめたい

金色のひし形に大きな扇型、おせち料理背景の格子柄など、さまざまな形のあしらいが使われています。あしらいは、うまく使えばデザインの魅力を引き上げますが、使いすぎるとゴテゴテして品のない印象になってしまいます。盛りすぎには気をつけましょう。

図形や柄など、あしらいの使いすぎには注意！

デザインカンプ Design - Final

1 英語の部分だけ色を変え、文字サイズや下の線のあしらいを調整しました

2 行間が窮屈だったので広めにして読みやすくしました

3 写真をグッと大きくして、上の「おせち料理」、右の「和風フルコース」と全体をつなげるイメージに

4 ラインのあしらいは他とそろえました

5 あしらいを減らして落ち着いた雰囲気に

6 見出しではないところのラインはカット

Cool !!

写真を背景と馴染ますテクニック

周辺を広めにぼかして背景になじませたコース料理の写真。おせち料理の写真にも広めの影をつけて（写真を切り抜いて置いただけにならないよう）背景になじませています。

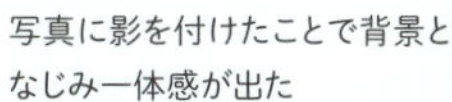

写真に影を付けたことで背景となじみ一体感が出た

デザインカンプ Design - 1st Take

① 英字をピンク系に

② イメージカットなので、場所を特定できないような写真に変更

③ 他に比べると余白が狭いので、少し空ける

④ 周囲の罫線より目立つように文字を太く。フォントに若干クセがあるのでキレイめなフォントにしたいです

⑤ ディナーの写真と同じような扱いに

⑥ 全体の雰囲気と比べてあしらいがカジュアル。写真は八角形のほうがよさそうです

First check

あしらいも「そろえる」

「そろえる」と聞くと配置を思い浮かべますが、あしらいや配色をそろえることも意識しましょう。人は何かを見たときに無意識のうちにまとまりとしてものを見る傾向があり、これを〝群化の法則〟（P.240参照）と呼びます。この法則を活用し、同じあしらいや色でデザインをそろえ、全体にまとまりを出したいです。

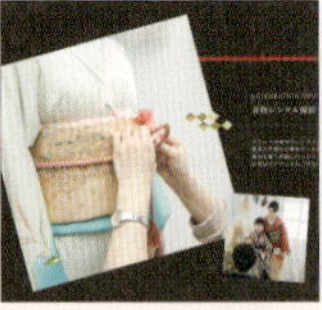

トップページの写真（左）は八角形だったので、ここでも八角形にしたい

1 まわりのお花とあわせたピンク色に

2 イメージカットを変更

3 余白が広くなったことで視線の流れを促すキラキラが活きた

4 文字が読みやすくなりました

5 ディナー写真同様、写真の周囲をぼかして背景になじませました

6 カジュアルなあしらいはカット。写真を八角形にトリミングして変化を出しました

ページ全体にまとまりが出た

「催し物案内」の英字は、花のあしらいと同じピンク色にして、このエリアの配色にまとまりが出ました。八角形や、キラキラのあしらい、格子柄もページ全体に使っているためページ内の統一感が保たれています。

小さめな英字の配色でも統一感を意識

デザインカンプ Design - 1st Take

BAR DIAMOND
バー「ダイヤモンド」
対象宿泊期間
2023年12月30日〜2024年1月6日
チェックイン15:00 チェックアウト11:00
宿泊料金
お電話でのご予約も承ります。
0120-123-4567
和雅リゾートホテル
WAGA
1
白い文字が読みにくいです。また営業時間の情報は文字を大きく、太くしてわかりやすくしたいです
2
八角形の写真を配置。セクションの境目やサイト内のつながりを作りたいです
3
明朝体とゴシック体のフォントが混在しているので、明朝体に統一
4
黒の角丸の線がサイトのテイストに合っていない感じがします
5
表にして、桜・松・竹などアイコンをつけると、文字だけよりもわかりやすくできそうです
6
ボタンをグッと大きくして予約ページへの導線を強くしたいです

白い透過を乗せた背景だと文字が読みにくい

バーの紹介部分の背景は、白みがかった背景のため全体的にぼんやりしており、文字も白いので読みにくくなっています。この場合、白ではなく黒の透過を乗せることで、背景が引き締まり文字が読みやすくなります。バーが持つ「夜の雰囲気」もアップするでしょう。

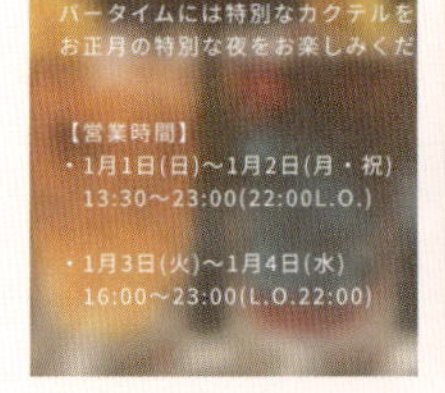

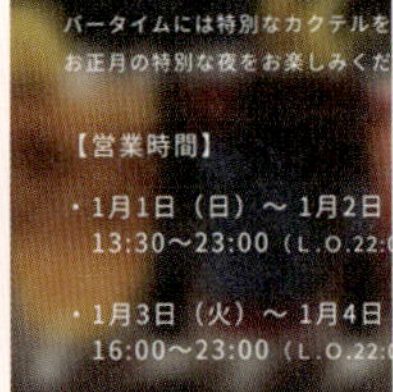

デザインカンプ Design - Final

バー紹介／料金案内／予約／フッター

1

背景を暗くしたことで引き締まり、文字が見やすく。文字サイズに変化をつけてメリハリも出せました

2

八角形の写真を追加。最後のセクションまで「お正月の雰囲気」を感じてもらえるデザインに

3

明朝体でまとめ落ち着いて見やすくなりました。サイトの雰囲気にもマッチしています

4

周囲の黒ラインをなくし、枠内の色を明るく調整。囲みラインがなくても見やすくなりました

5

表を使ったデザインに変更したことで、ひと目で内容がわかるようになりました

6

ボタンを大きくして目立つように。アイコンも他の予約ボタンとそろえています

Cool!!

料金一覧は、表にすることですっきり見やすく

文字情報だけで並べてしまったため見にくかった宿泊料金の部分は、表にすることでわかりやすくなりました。行の高さをゆったりめにとって、交互に配色を変えたり、アイコンをつけることで見間違いを防ぐ工夫をしています。

宿泊料金

桜の間	75,000円～ [illegible]	（1室2名利用）
梅の間	75,000円～ [illegible]	
竹の間	87,000円～ [illegible]	
松の間	87,000円～ [illegible]	
鶴の間	101,000円～ [illegible]	
風の間	101,000円～ [illegible]	

スッキリして見やすい！

調整の軌跡 Brushup Process

● ボタンまわりのブラッシュアップ

Take1

見出しよりボタンが大きく目立って
しまっているので調整したい

Take2

右の写真が大きくバランスが悪いので
写真を小さくして、ボタンも横並びに

Take3

写真とコンテンツがバラバラな感じなので
思いきって写真にボタンをすこし重ねてみる

OK!

バランスよく情報がコンパクトにまとまり、
野暮ったい感じが解消された

表のあしらいをブラッシュアップ

Take1

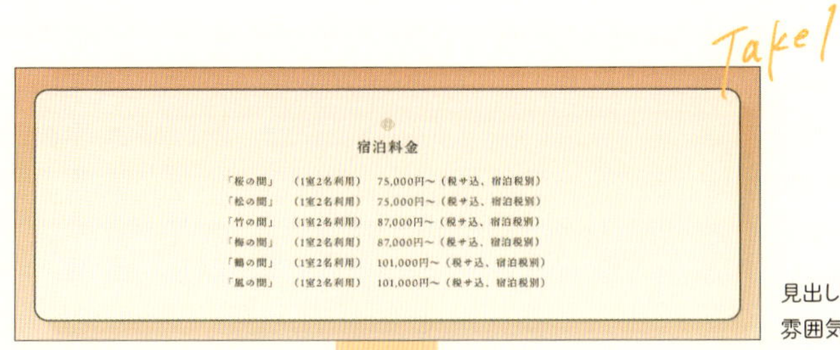

見出し部分や黒い枠がカジュアルな雰囲気なので変えたい

Take2

宿泊料金

「桜の間」　（1室2名利用）　75,000円～（税サ込、宿泊税別）
「松の間」　（1室2名利用）　75,000円～（税サ込、宿泊税別）
「竹の間」　（1室2名利用）　87,000円～（税サ込、宿泊税別）
「梅の間」　（1室2名利用）　87,000円～（税サ込、宿泊税別）
「鶴の間」　（1室2名利用）　101,000円～（税サ込、宿泊税別）
「鳳の間」　（1室2名利用）　101,000円～（税サ込、宿泊税別）

文字ばかりなので、料金を表にして
分かりやすくしたほうが良さそう…
左右の余白も空きすぎている

Take3

宿泊料金

桜の間	（1室2名利用）	75,000円～（税サ込、宿泊税別）
松の間		75,000円～（税サ込、宿泊税別）
竹の間		87,000円～（税サ込、宿泊税別）
梅の間		87,000円～（税サ込、宿泊税別）
鶴の間		101,000円～（税サ込、宿泊税別）
鳳の間		101,000円～（税サ込、宿泊税別）

文字サイズを大きく、カッコ内の文字は
小さく、「(一室2名様利用)」は
右に移動して、もう少しブラッシュアップ…!

OK!

宿泊料金

桜の間	75,000円～（税サ込、宿泊税別）	（1室2名利用）
梅の間	75,000円～（税サ込、宿泊税別）	
竹の間	87,000円～（税サ込、宿泊税別）	
松の間	87,000円～（税サ込、宿泊税別）	
鶴の間	101,000円～（税サ込、宿泊税別）	
鳳の間	101,000円～（税サ込、宿泊税別）	

背景色も明るくして文字も見やすく。
最初よりも高さが出たが、表にしたことで料金がわかりやすくなった

Chapter
3-3 イタリアンレストラン

スタイリッシュななかに温かみを感じるデザイン

ヒアリングシート Hearing Sheet

記入／Ristorante Cucina　オーナー様

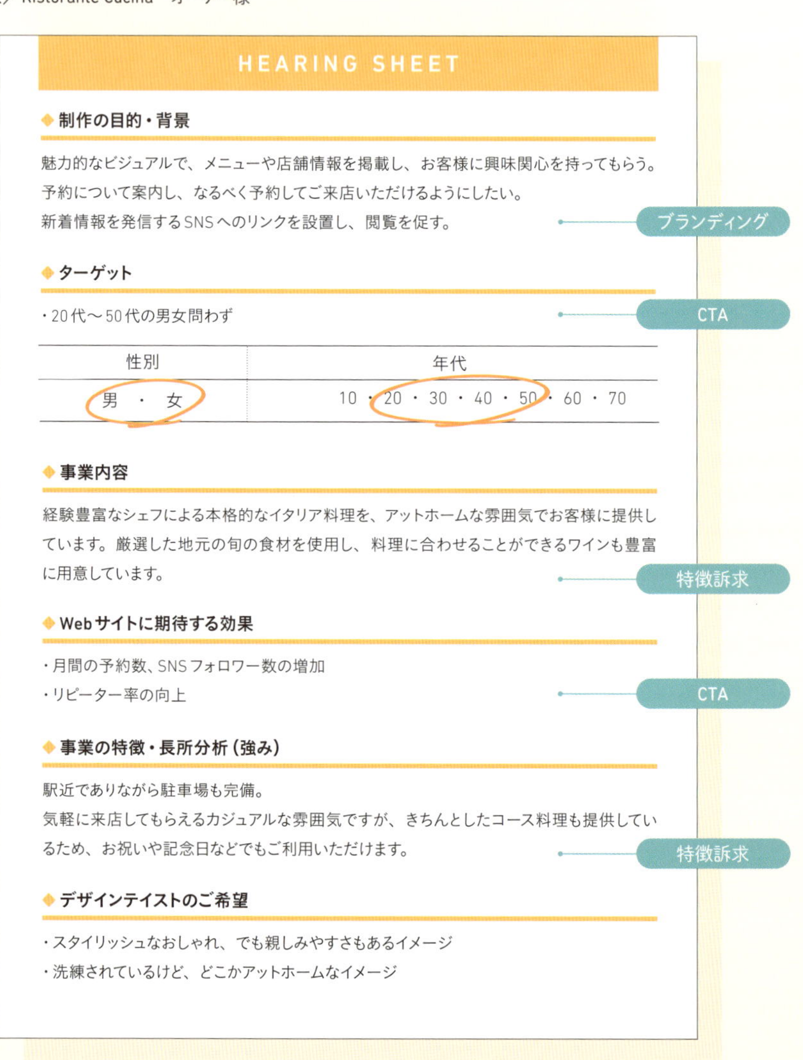

HEARING SHEET

◆ 制作の目的・背景

魅力的なビジュアルで、メニューや店舗情報を掲載し、お客様に興味関心を持ってもらう。
予約について案内し、なるべく予約してご来店いただけるようにしたい。
新着情報を発信するSNSへのリンクを設置し、閲覧を促す。

◆ ターゲット

・20代〜50代の男女問わず

性別	年代
男 ・ 女	10 ・ 20 ・ 30 ・ 40 ・ 50 ・ 60 ・ 70

◆ 事業内容

経験豊富なシェフによる本格的なイタリア料理を、アットホームな雰囲気でお客様に提供しています。厳選した地元の旬の食材を使用し、料理に合わせることができるワインも豊富に用意しています。

◆ Webサイトに期待する効果

・月間の予約数、SNSフォロワー数の増加
・リピーター率の向上

◆ 事業の特徴・長所分析（強み）

駅近でありながら駐車場も完備。
気軽に来店してもらえるカジュアルな雰囲気ですが、きちんとしたコース料理も提供しているため、お祝いや記念日などでもご利用いただけます。

◆ デザインテイストのご希望

・スタイリッシュなおしゃれ、でも親しみやすさもあるイメージ
・洗練されているけど、どこかアットホームなイメージ

ワイヤーフレーム Wireframe

Concept

お料理や内観・外観写真を多めに配置する想定で、お店に行ってみたくなるような構成に。メニューから店舗情報まで1ページにコンパクトにまとめます。

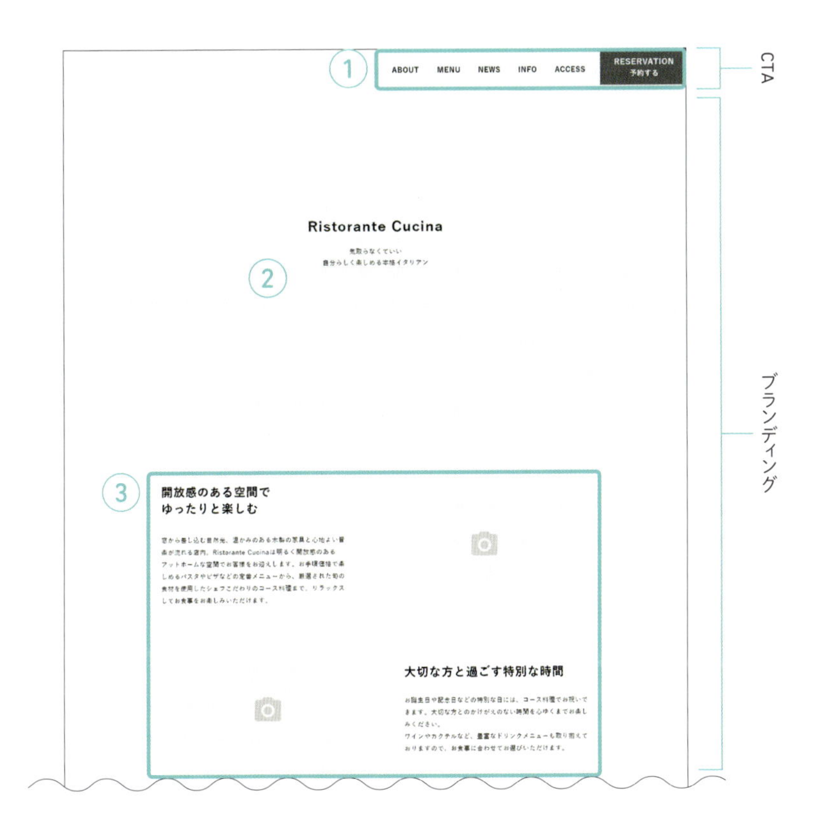

Layout point

① ヘッダー

「メニュー」は英語表記でお店の雰囲気を損ねないように。予約ボタンを設置してすぐに予約ページへリンクできるようにしています。

② メインビジュアル

写真は大きめに配置。説明文は控えめにしてビジュアルを引き立たせるイメージです。

③ コンセプト

文章だけでは伝わりにくいお店のコンセプトを、写真と組み合わせることで、直観的に伝わるように。

ワイヤーフレーム Wireframe

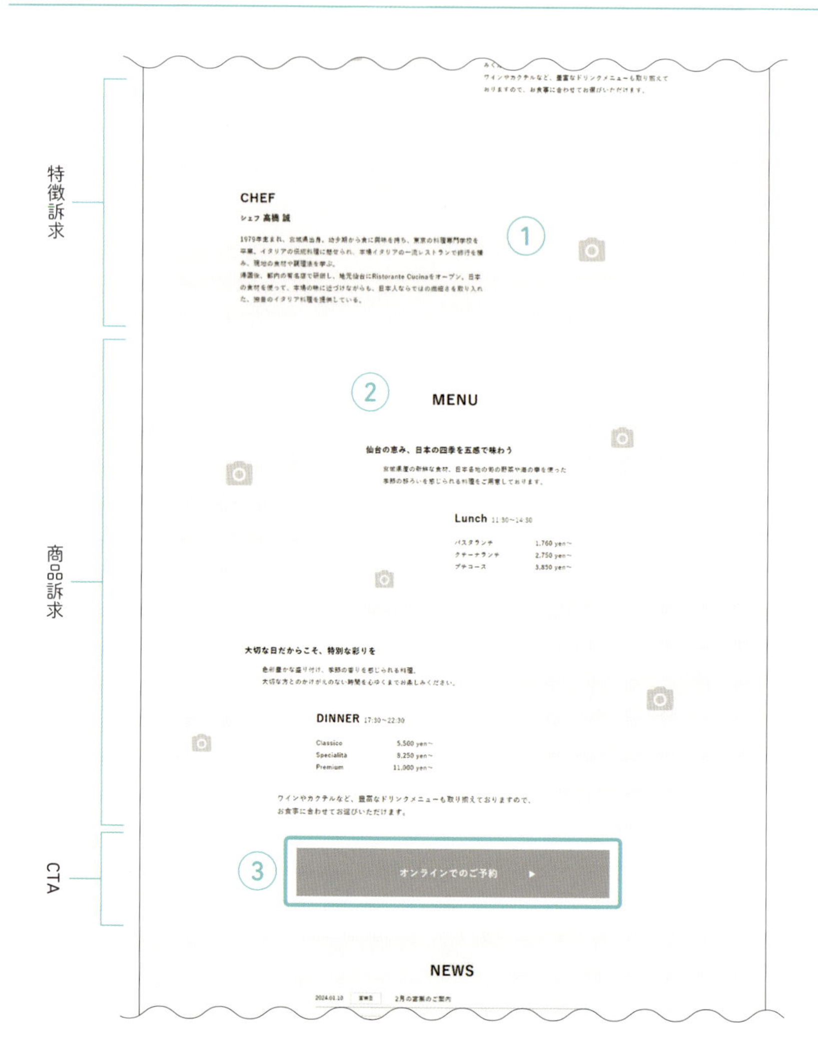

Layout point

① シェフの紹介

「シェフの経歴や経験」を紹介することが料理の質や独自性を保証するものになり、新規のお客様にも安心感を与えます。

② メニューの紹介

「料理の写真」はランダムに配置し、楽しそうな雰囲気を演出するイメージを想定。

③ 予約ボタン

メニューを見たユーザーが「行ってみよう」と思った気持ちの流れで予約ができるボタンを配置します。

ワイヤーフレーム Wireframe

NEWS／INFO／ACCESS／フッター

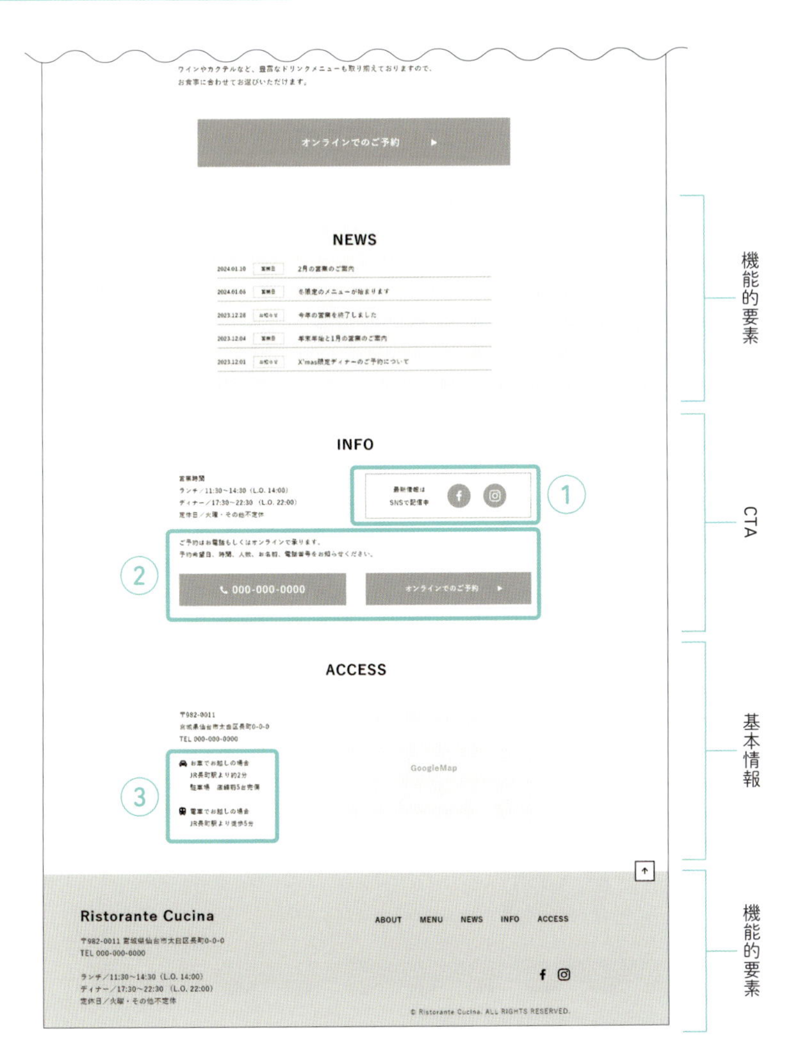

Layout point

① SNSアイコン

「営業予定」や「新メニュー」など、最新情報をSNSで配信しているので、フォローを促します。

② 予約への誘導

「電話番号」とあわせ、再度「オンライン予約」のボタンを掲載し、予約へ誘導します。

③ 交通手段

地図を詳しく見なくても、なんとなくの場所を把握できるように、テキストでも説明をしています。

デザインカンプ Design - 1st Take

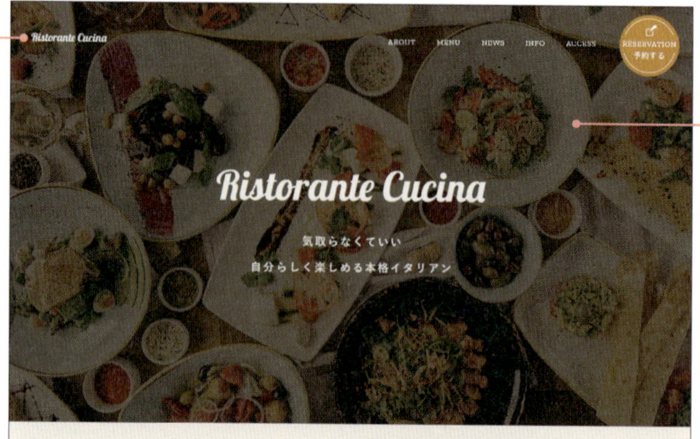

① センターにも大きくロゴがあるのでどちらかをカット

② 手元（グラスや料理）の写真が続くため、ごちゃついて見えます

③ ファーストビューがシンプルなのでデザインに変化がほしいです

④ 写真とテキストを並べただけの印象なので、もう少しデザイン性を持たせたいです

First check

ファーストビューがデザインの方向性を決める

ファーストビューがシンプルでテンプレートのようなレイアウトになっています。ページ全体としても一体感のあるようなあしらいがないので方向性を再検討してほしいです。コンセプト紹介の部分も同じような写真が続いているため、変化をつけてみましょう。

Color

#442c03

#cc860c

#ede5df

デザインカンプ Design - Final

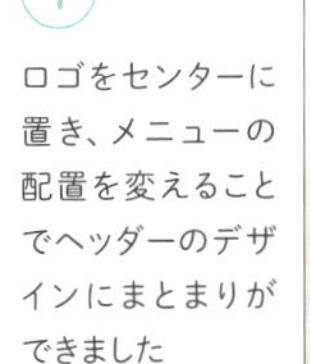

1 ロゴをセンターに置き、メニューの配置を変えることでヘッダーのデザインにまとまりができました

3 写真は角丸に変更し、丸いボタンとも印象がマッチしました。全体的にロゴの雰囲気にも合う丸みのあるあしらいに

2 写真のサイズや形を変えて、バラバラに配置。料理単体の写真を入れたことで、見た目も華やかに

4 ロゴにあわせた英字フォントのあしらいを大きく追加。日本語はロゴ～メインコピーのつながりでセンターぞろえにして安定感のある配置に

Cool !!

コンセプト部分のデザインをふたつに分けた

コンセプトを紹介する2つのブロックは大きくデザインを変更しました。複数の写真を散りばめ大きな写真につなげるレイアウトで、風通しがよく、文章もゆったりと読み進められることができるようになりました。

下ブロックのデザインは「調整の軌跡」（P.146参照）で詳しく紹介しています

1 ベタが重いです。テキストカラーとのコントラストも強すぎるので配色を調整

2 皿に影をつけて料理に立体感を出したいです

3 独立した感じになっているので、メニューのセクションに含める

4 手元が乱雑に見えるので調整

5 ピザだけ皿に乗っていないので、違和感があります

6 MENUの見出しのカジュアルなイメージと、縦書き（と文章の内容）がマッチしていない

First check

似たような写真が並んで落ち着かない

メニューは、料理を俯瞰で撮影した同じ構図の写真が大・中・小のサイズ違いでバラバラと配置されているため、ごちゃごちゃした印象です。皿の数を減らし、写真のサイズにメリハリをつけて調整してみましょう。

デザインカンプ Design - Final

CHEF
シェフ 高橋 誠
MENU
仙台の恵み、日本の四季を
五感で味わう
Lunch 11:30〜14:30
パスタランチ 1,760 yen〜
クチーナランチ 2,750 yen〜
プチコース 3,850 yen〜
Dinner 17:30〜22:30
Classico 5,500 yen〜
Specialità 8,250 yen〜
Premium 11,000 yen〜
大切な日だからこそ
特別な彩りを
オンラインでのご予約
1
写真の中からベタ塗りの色を拾い、配色をなじませました。人物の向きもサイトの内側に向くように変更
2
皿にうっすらと影をつけました
3
「予約ボタン」を「メニュー」のセクションに含めて、メニューからの流れで誘導できるようにしました
4
写真のトリミング位置を変え、写真とベタ塗りの間をうまくぼかすことで手元の乱雑さをカバー
5
テキストは横組みで統一
6
テクスチャーを背景に敷いて、変化のある質感にしました

Cool !!

写真の表現を変えて、メリハリと動きをプラス

メニューの部分は皿の写真を大きく2枚だけ配置。切り抜いた食材の写真を小さく散りばめて動きをつけたり、上のセクションからのつながりを持たせる四角い写真を織り交ぜました。写真に強弱や変化を付けることでメリハリが出ました。

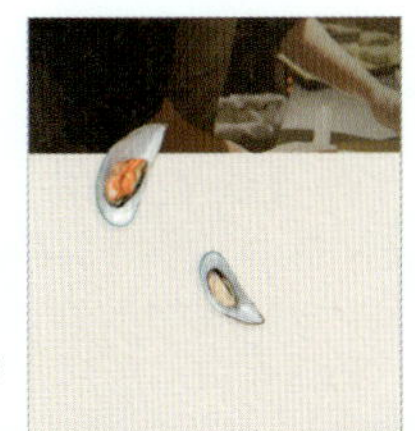

切り抜き写真は、セクション間のつながりや視線誘導の役割も

1
さびしい感じがするので何かあしらいがほしいです
2
内容が異なるので、あしらいの形を変えたいです
3
フッターに工夫がほしいです
4
左右の余白が広すぎるので、見出しの配置を左に移動
5
収まりがよくないため、配置かデザインを変更
6
センターぞろえの見出しと、マップ・アクセス情報の分割ラインが不ぞろいなのでレイアウトを見直したいです
NEWS
INFO
012-345-6789
オンラインでのご予約
ACCESS
Ristorante Cucina
ABOUT
MENU
NEWS
INFO
ACCESS

First check

見出しの配置がすべてセンターぞろえになっている

「NEWS」「INFO」「ACCESS」は見出しがすべてセンターぞろえですが、情報の配置が偏っているため、バランスがイマイチです。思いきって見出しの位置を移動したり、「INFO」「ACCESS」を横並びにするなどして、レイアウトをワイヤーフレームから変更してみましょう。

NEWS

INFO

ACCESS

見出しの位置を移動したり、コンテンツを横並びにしたりして収まりのよいデザインを検討

デザインカンプ Design - Final

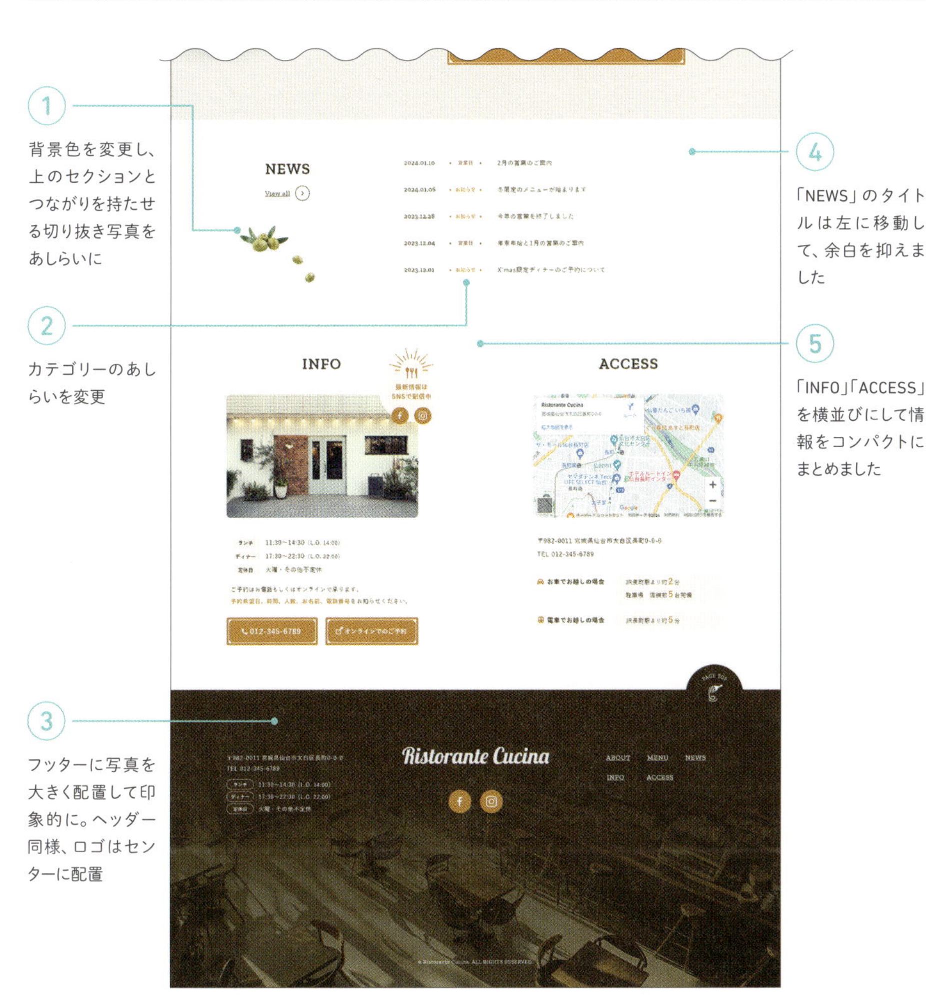

1 背景色を変更し、上のセクションとつながりを持たせる切り抜き写真をあしらいに

2 カテゴリーのあしらいを変更

3 フッターに写真を大きく配置して印象的に。ヘッダー同様、ロゴはセンターに配置

4 「NEWS」のタイトルは左に移動して、余白を抑えました

5 「INFO」「ACCESS」を横並びにして情報をコンパクトにまとめました

レイアウトに変化をつけて情報が見やすくなった

すべてセンターぞろえだったレイアウトは情報量にあわせて見せ方を変更。「INFO」と「ACCESS」を横並びにしたことでお店の基本情報がまとまり見やすくなりました。

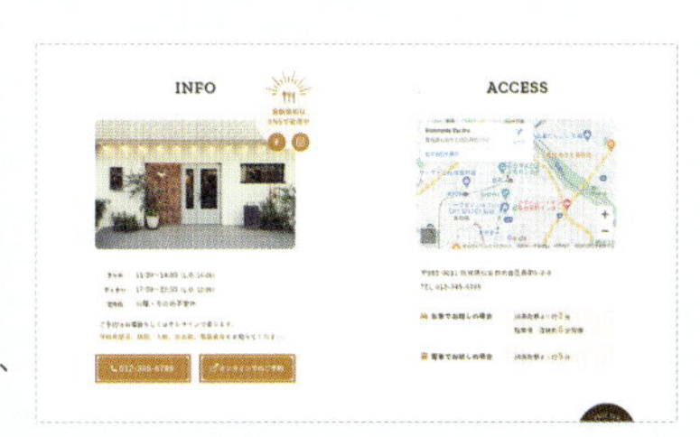

情報がコンパクトにまとまり、見やすくなりました！

調整の軌跡 Brushup Process

ファーストビューからメニューまでをチェック

ページ全体にデザインの特徴や一体感が感じられない（詳細はP.140参照）

Take 3
ロゴを大きくして
メリハリをだす
Ristorante Cucina
この部分にも
切り抜き写真を
散りばめて
統一感を
Special time
CHEF
MENU
リボンのような
あしらいで
かわいい雰囲気は
サイトのイメージに
合わないです
玉ねぎの角度は
内側に向け、
視線を外に
そらさないように

OK!
Ristorante Cucina
Special time
CHEF
MENU

Column

ユーザーの購買意欲を後押しする「ザッツ・ノット・オール・テクニック」

おまけや特典を加えることで、ユーザーの購買意欲を後押しすることを「ザッツ・ノット・オール・テクニック」といいます。これは「That's Not All（それだけではない）」から名付けられた心理効果です。

この章の作例では、基準となる冬期講習の金額を提示したあとで、「それだけではないよ」と早期お申込み特典を紹介しています。

入塾を検討しているユーザーは、「せっかくなら、この機会にお得に入塾したい」という希少性（タイミング）を感じるため、購買行動を後押しする効果があります。

写真を大きく配置するテクニック

ウェブデザインでは写真を大きく扱うことで、より広がりを演出することができます。写真は感情的な反応を引き起こすパワーがあり、大きく扱うことでその効果が増すのです。

細かなあしらいを減らし、シンプルで洗練されたデザインに近づけたり、いくつかのデザインの要素をつなげる役割やメリハリをつけることができます。画面からはみ出すくらい大きくしたり、写真の端をぼかしてみたり、何かの形にトリミングしてみたり、いろいろなアレンジができるので、思いきって一度、自分が思っているよりも写真を大きく配置することを試してみましょう。意外な発見があるかもしれません。

Chapter 4

事例集：採用サイト

Chapter 4-1

総合病院

やわらかな色彩と清潔感を意識したデザイン

ヒアリングシート Hearing Sheet

記入/さくら病院　採用ご担当者様

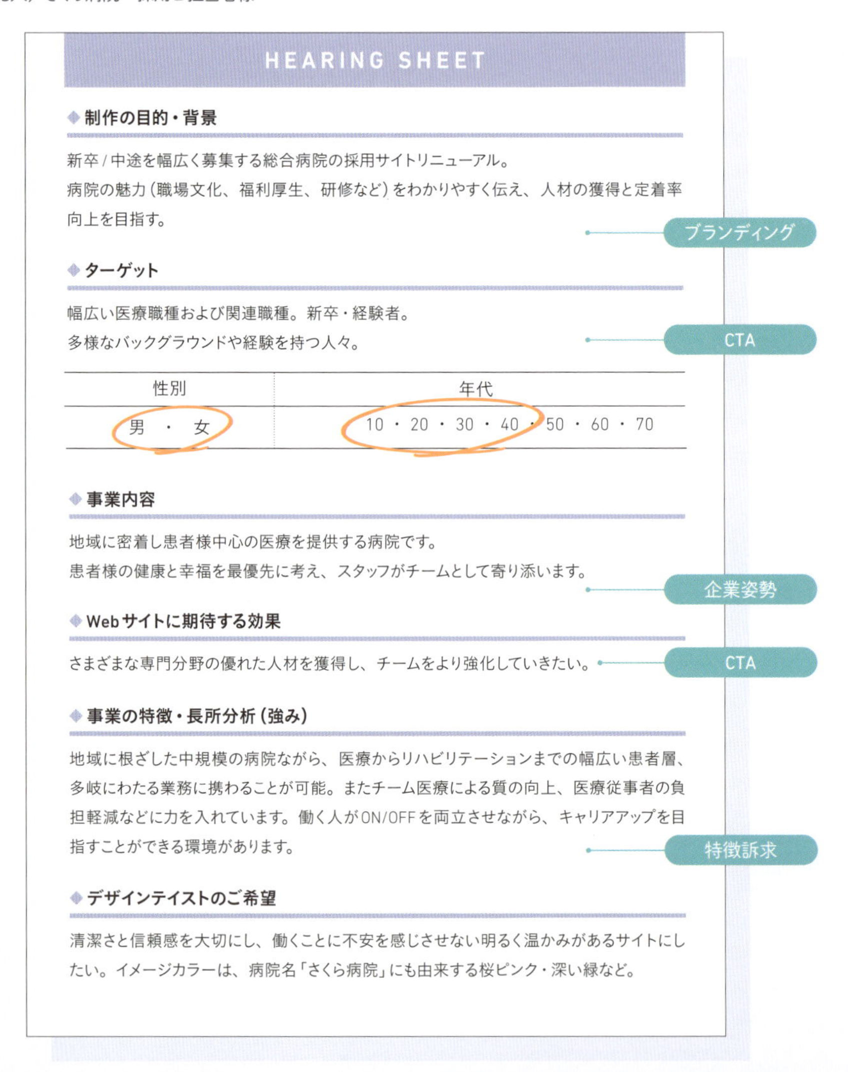

HEARING SHEET

◆制作の目的・背景

新卒 / 中途を幅広く募集する総合病院の採用サイトリニューアル。
病院の魅力(職場文化、福利厚生、研修など)をわかりやすく伝え、人材の獲得と定着率向上を目指す。

◆ターゲット

幅広い医療職種および関連職種。新卒・経験者。
多様なバックグラウンドや経験を持つ人々。

性別	年代
男 ・ 女	10 ・ 20 ・ 30 ・ 40 ・ 50 ・ 60 ・ 70

◆事業内容

地域に密着し患者様中心の医療を提供する病院です。
患者様の健康と幸福を最優先に考え、スタッフがチームとして寄り添います。

◆Webサイトに期待する効果

さまざまな専門分野の優れた人材を獲得し、チームをより強化していきたい。

◆事業の特徴・長所分析(強み)

地域に根ざした中規模の病院ながら、医療からリハビリテーションまでの幅広い患者層、多岐にわたる業務に携わることが可能。またチーム医療による質の向上、医療従事者の負担軽減などに力を入れています。働く人がON/OFFを両立させながら、キャリアアップを目指すことができる環境があります。

◆デザインテイストのご希望

清潔さと信頼感を大切にし、働くことに不安を感じさせない明るく温かみがあるサイトにしたい。イメージカラーは、病院名「さくら病院」にも由来する桜ピンク・深い緑など。

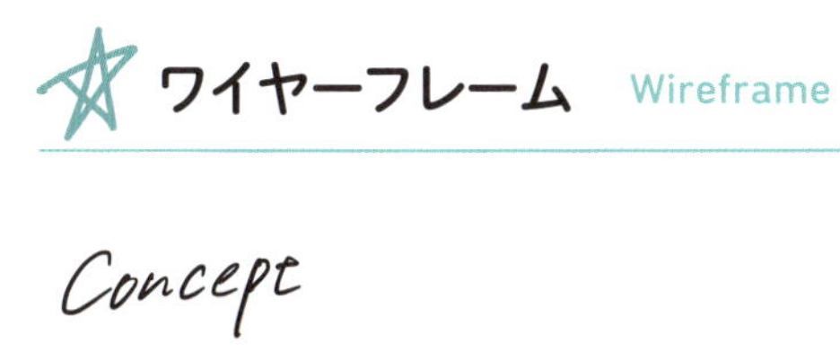

ワイヤーフレーム Wireframe

Concept

病院のアピールポイントが伝わりやすいようにコンテンツを構成。難しい言葉は避け、やわらかで温かみのある印象に。配色は明るく清潔感を意識します。

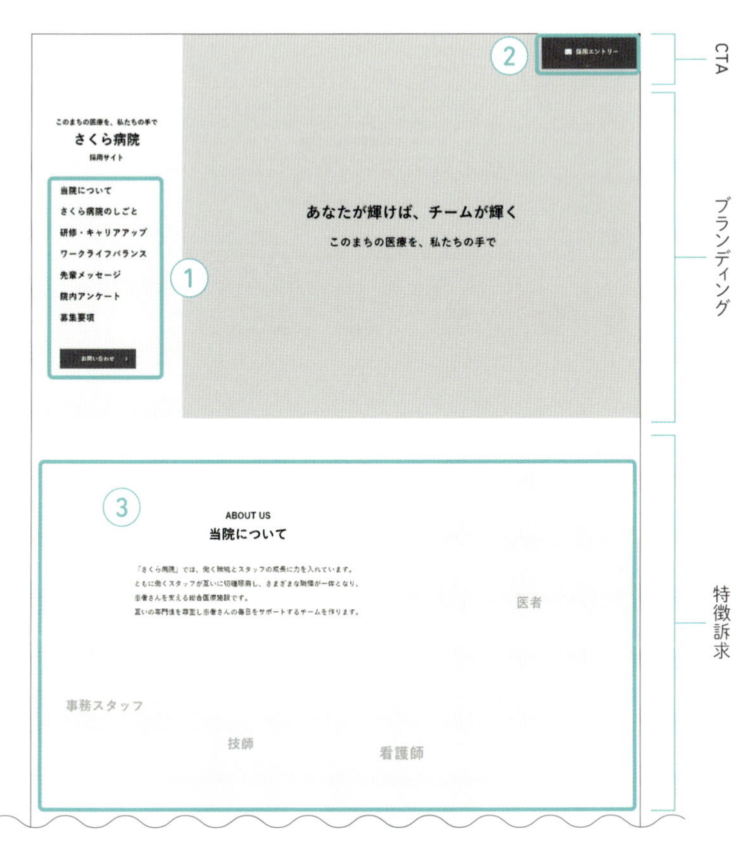

Layout point

① サイドメニュー

サイドメニューにすることで、メニューを縦に並べ、見やすさをアップ。病院の名前も、パッと目に入ってくる配置に。

② エントリーボタン

応募を検討する人がスムーズにエントリーできるように、ボタンは常に右上に固定で配置する想定。

③ ビジュアルの共有

単に写真を並べるのではなく、「デザイン的な変化を取り入れたレイアウトにしたい」イメージを共有。

ワイヤーフレーム Wireframe

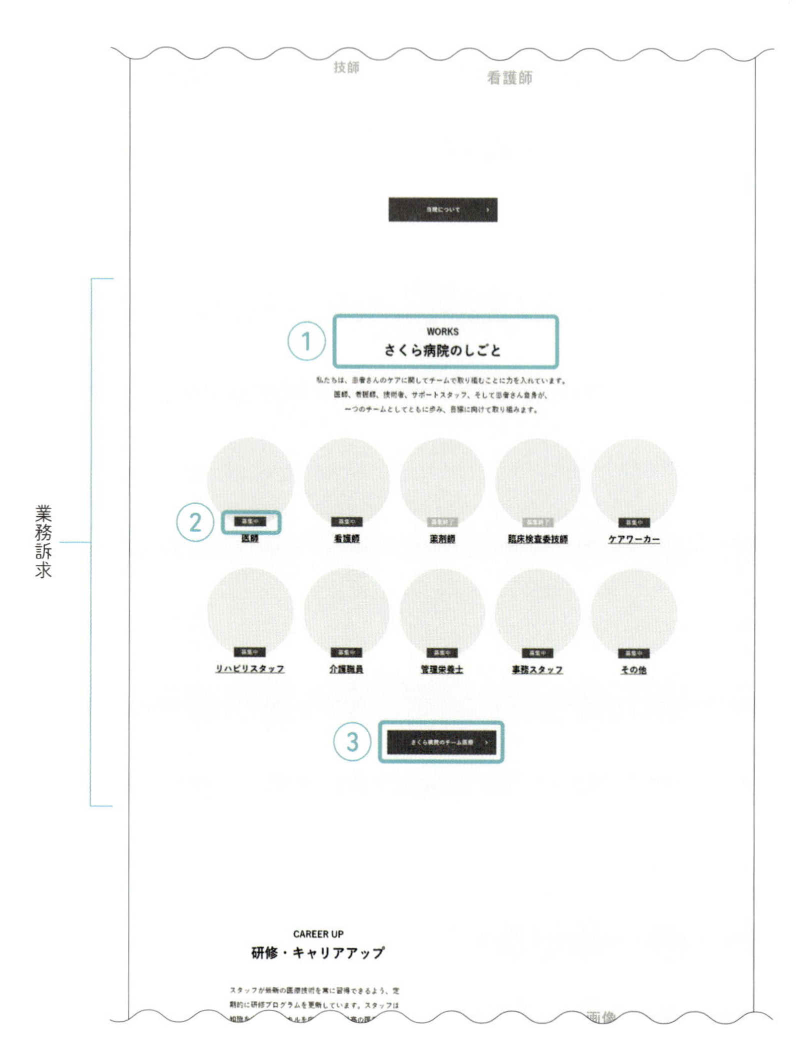

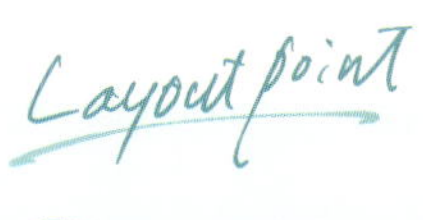

① 見出しの工夫

単に「職種」とするのではなく、やわらかな文言に。「雰囲気が明るい病院」であることを伝える役割も担っています。

② 募集の有無

「職種ごとの募集の有無」がすぐにわかるような表示を掲載。募集の有無で色を変え、見た目にもすぐわかるような設計に。

③ ボタンの中の文言

「さまざまな職種のスタッフによるチーム医療を行っていること」が伝わるように、ボタン内のテキストも工夫しました。

キャリアアップ／ワークライフバランス

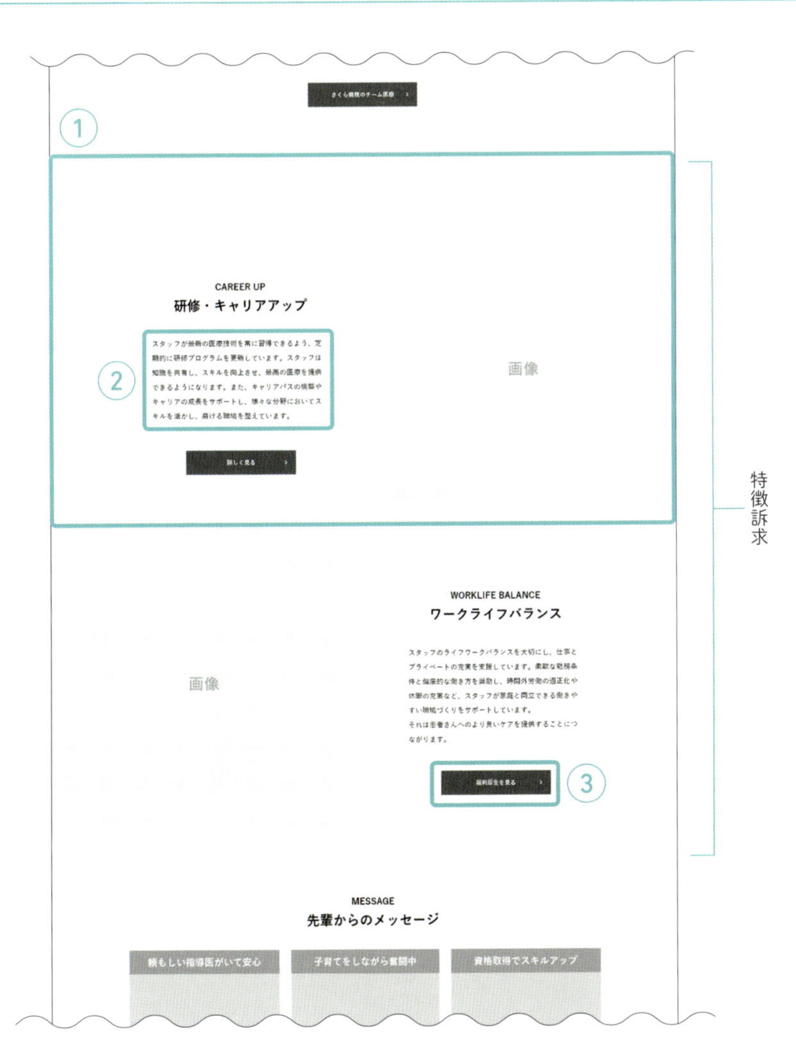

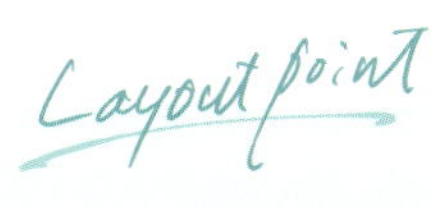

① 特徴紹介の配置

写真のスペースを四角形に配置。特徴を紹介するセクションとして、写真とテキストを交互に並べまとめています。

② テキストのボリューム

上段と下段のレイアウトを同じにしているので、掲載する文章のボリュームも同じくらいになるようにしています。

③ ボタンの中の文言

どのページにリンクするのかがわかるように、具体的にリンク先のページ名を入れています。

ワイヤーフレーム Wireframe

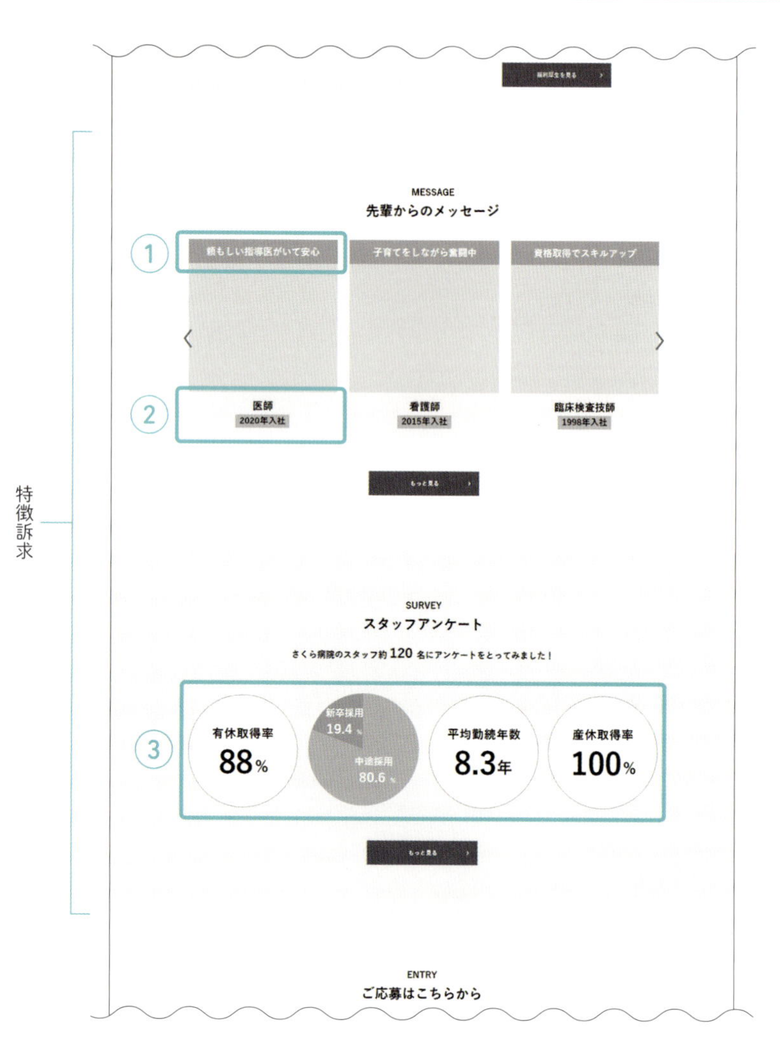

Layout point

① ひとことを添える

「伝えたいこと」をワンフレーズで掲載し、ユーザーに「読んでみようかな?」と思ってもらえるようなきっかけづくりに。

② 入社年と職種

「どんな先輩か」イメージしやすいように、「入社年」や「職種」など、少し具体的な情報を出しています。

③ アンケートの概要

「アンケート結果概要」を少し見せ詳細ページにつなげます。一部はグラフにして配置や見せ方に変化をつけています。

Layout point

① 応募のリード文

「応募する人に対しての訴求メッセージ」を掲載して、お問い合わせへのハードルを下げます。

② 応募とお問い合わせ

「採用に関すること」、「その他お問い合わせ」を分けることで、ユーザーが目的別に進むボタンをわかりやすく区別しています。

③ 情報のグルーピング

ブラウザ幅いっぱいに背景を敷いて色を付けることで、情報がそれぞれグルーピングされていることを示しています。

デザインカンプ Design - 1st Take

サイドメニュー／メインビジュアル／当院について／職種紹介

First check

デザインはさらにブラッシュアップ可能

デザインの方向性はOKです！　全体的に見出しのフォントはもう少し太くしてはっきりさせるとメリハリが出て、引き締まりそうです。あわせてモチーフを設定したり質感を加えることで、さらにブラッシュアップできるでしょう。

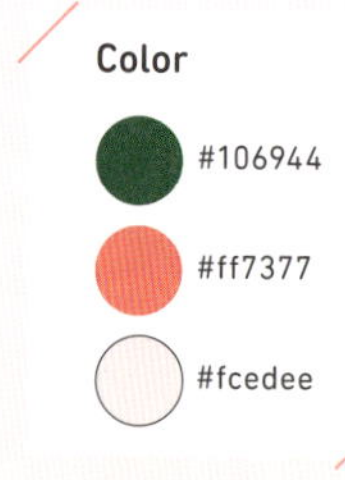

デザインカンプ Design - Final

1 文字サイズのバランスがよくなり、採用サイトであることもわかりやすくなりました

2 ボタンのあしらいは「当院について」と共通にしましたが、目立たせる必要はないので、地色は白のままにしています

3 縁取りを加えたことで写真を背景とセパレート。並んだ写真がグループ化されたイメージになりました

4 人物の向く先に配置したテキストへ視線を誘導します

5 花びらのシルエットで写真をトリミングしたほか、背景にも花びらのイラストやグラデーションをあしらって、「やさしい雰囲気」を演出します

Cool !!

同一のあしらいを使うことで一体感を演出

文字の太さやモチーフを使ったあしらいなどでグッと雰囲気がよくなったほか、細かなブラッシュアップもできました。下のセクション「先輩からのメッセージ」にあるスライドボタンのあしらい（右図）をスタッフ写真の縁取りにも流用したことで、サイト全体の統一感も生まれました。

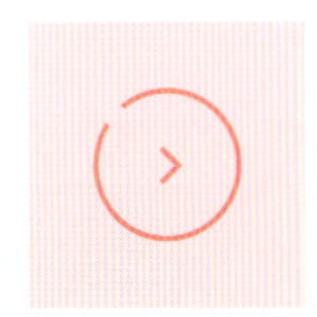

ボタンと同じあしらいで写真を縁取り

デザインカンプ　Design - 1st Take　キャリアアップ／ワークライフバランス／先輩メッセージ

First check

人物がコンテンツの外向きになっている

人物を外向きに配置すると、〝コンテンツの外側〟〝話題とは違うほうを向いている〟ことになり違和感を覚えるので、内向きになるよう調整しましょう。ただし、安易に写真自体を左右反転させてしまうのはNG。男性と女性では「洋服のボタンのかけ方」が逆だったり、男女問わず「着物の衿は右前」で着用するなどの決まりがあります。このほかにも写真内の文字、商品などが正しい向きになるよう注意が必要です。

安易に左右反転するとボタンのかけ方が違ってしまう

キャリアアップ／ワークライフバランス／先輩メッセージ

Cool !!

「先輩メッセージ」の人物写真を工夫して配置

人物の写真が横に並ぶレイアウト。顔の位置や大きさをそろえているため、見た目がガタガタせず、バランスのよいデザインになっています。また、両端に配置されている人物はどちらもページの内側を向いているため肯定的な印象を与えています。

顔の大きさや位置をそろえ、両端の人物を内向きにしたので、バランスがよく肯定的な印象に

✓ デザインカンプ Design - 1st Take

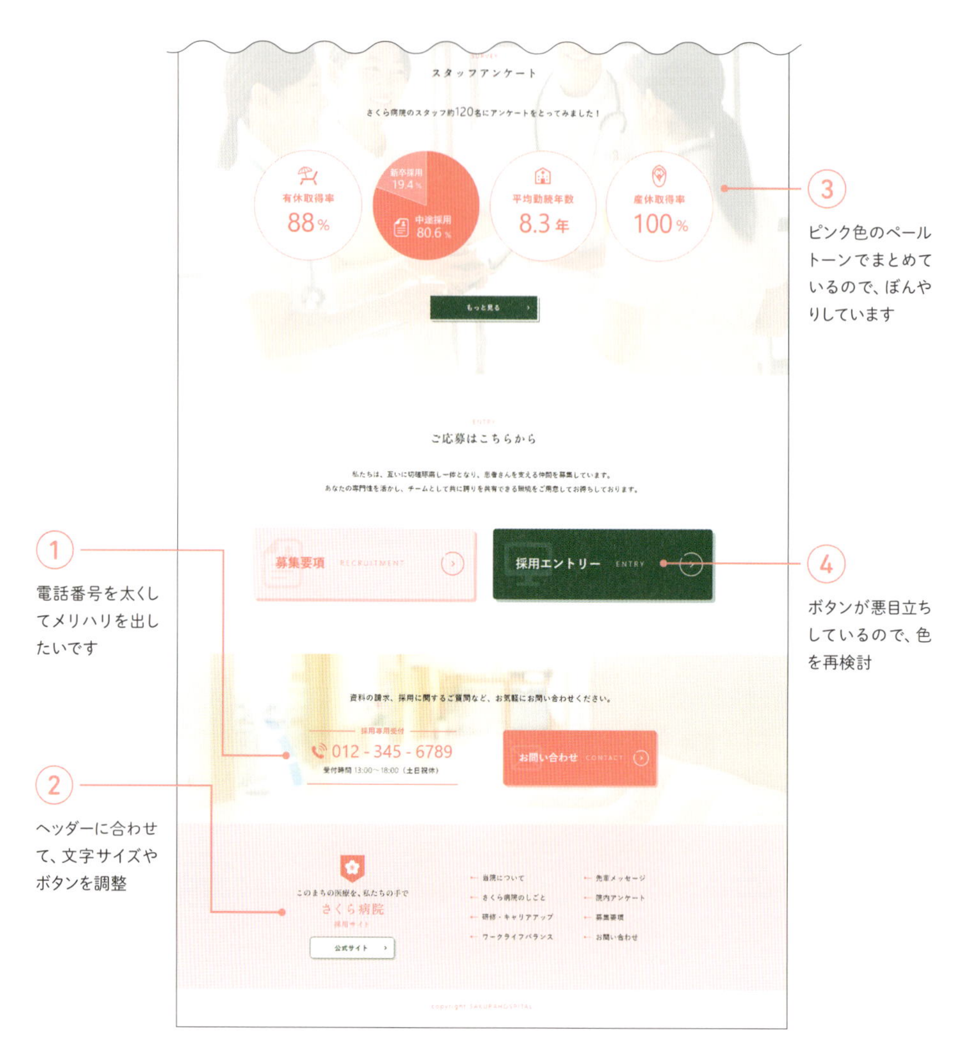

First check

ボタンのデザインはできるだけ統一したい

ボタンの角あり・なし（角丸）、色、影のつけ方など、あしらいがバラバラなので、デザインが落ち着きません。どれか１つのデザインに統一し、配色も調整してみましょう。

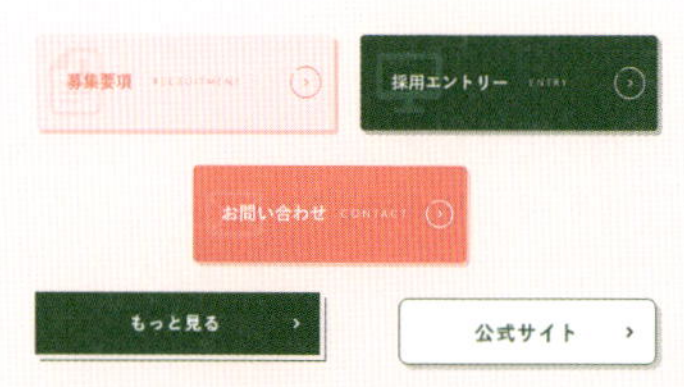

デザインがバラバラだと落ち着かない……

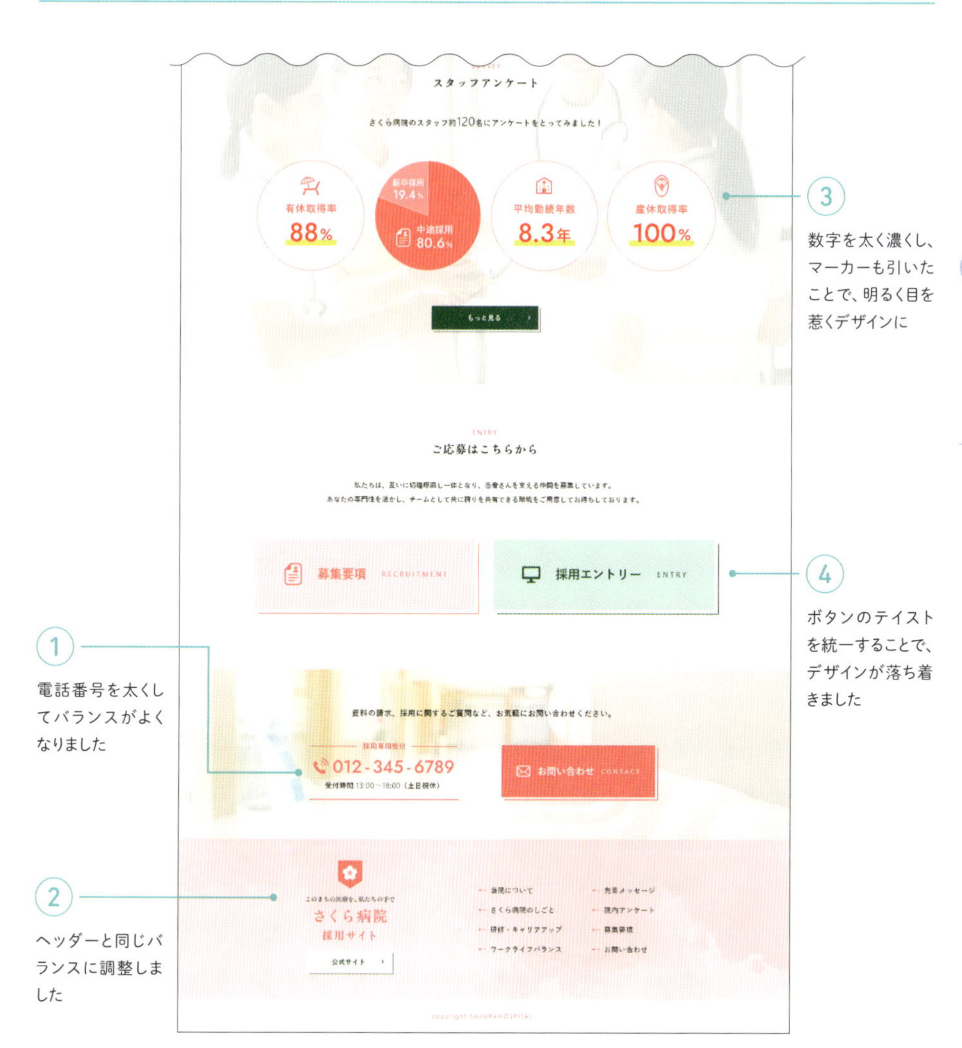

細かい箇所のあしらいをそろえることで統一感が出た

フッターデザインは、文字やボタンを変更したほか、背景にもテクスチャーを追加しました。サイト内でデザインのあしらいを上手に共有することで、全体の方向性がそろいユーザーにも一貫性のある印象を残すことができます。

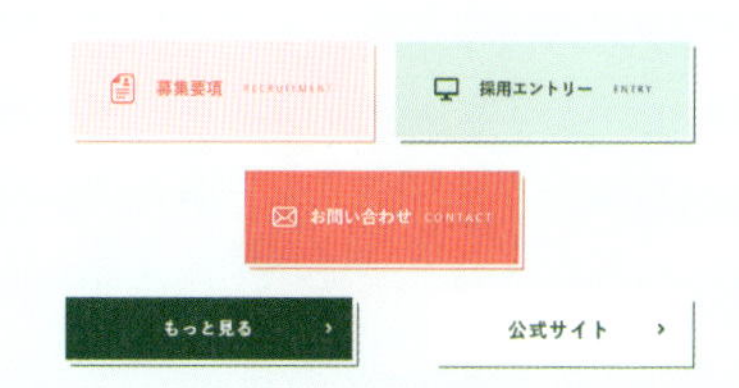

ボタンの形状も統一

調整の軌跡 Brushup Process

ワイヤーフレームとデザインカンプの比較

ワイヤーフレーム

円形はイメージで置いたものなので、必ずしもこの通りではなく、文章にあったレイアウトになるよう「おまかせ」で依頼。

デザインカンプ

さまざまな職種の人が関わることを伝えるイメージ写真を、桜の花びらのシルエットでトリミングして散りばめました。

下のセクションにはみ出し
重ねることで
つながりをつくっています

ワイヤーフレーム

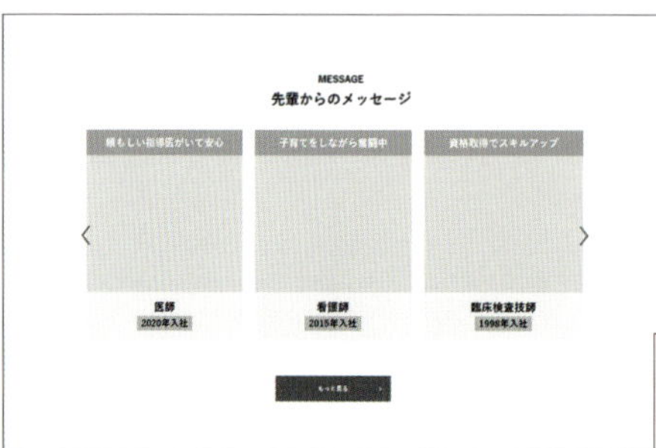

デザインカンプ

デザインでは「ひとこと」を縦組みにして変化をつけています。
職種と入社年は左寄せの帯にテキストを入れ、「ひとこと」の対角に配置することでバランスよく。

ボタンのデザインをチェック

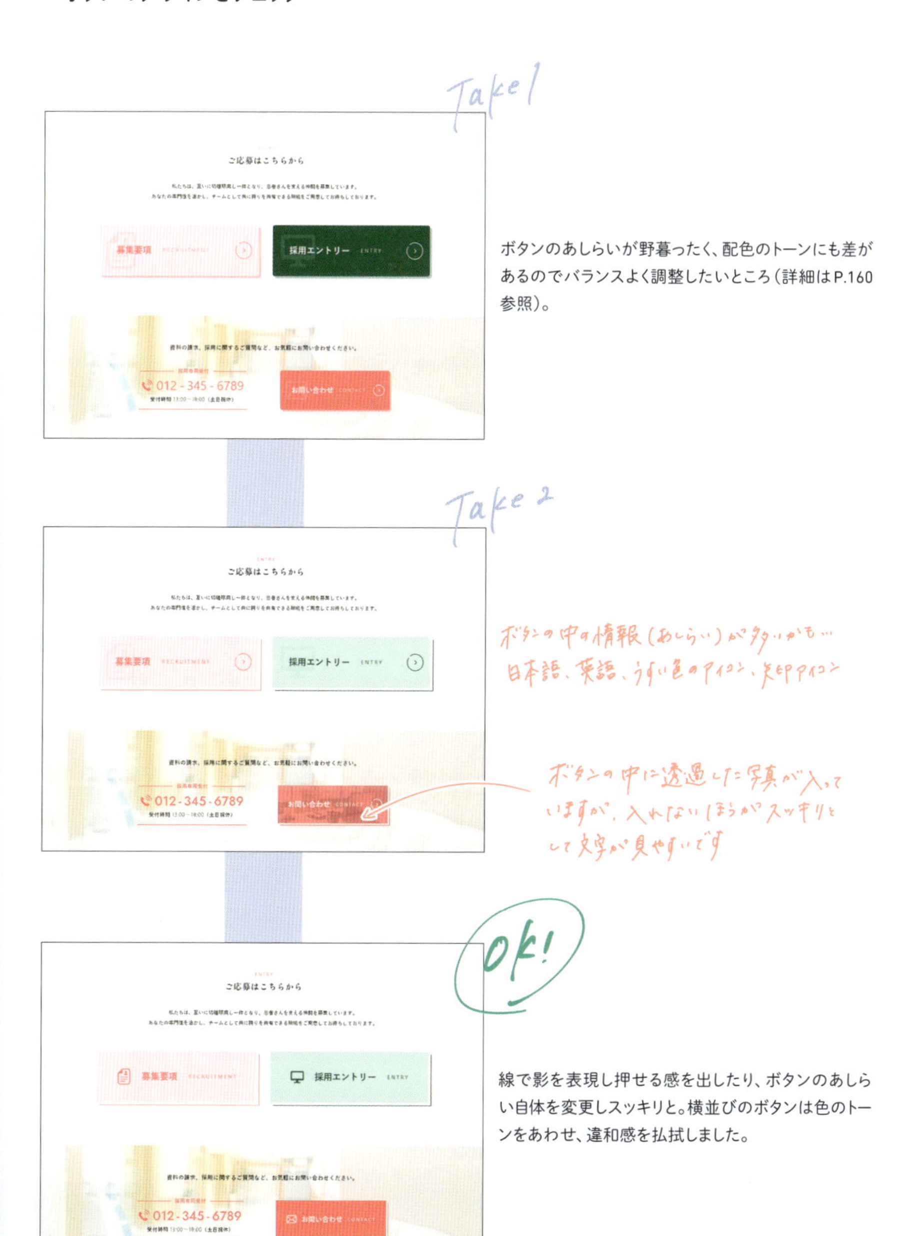

ボタンのあしらいが野暮ったく、配色のトーンにも差があるのでバランスよく調整したいところ（詳細はP.160参照）。

線で影を表現し押せる感を出したり、ボタンのあしらい自体を変更しスッキリと。横並びのボタンは色のトーンをあわせ、違和感を払拭しました。

Chapter 4-2

野菜農園

イラストの使い方を工夫したデザイン

ヒアリングシート Hearing Sheet

記入／なないろやさい農園オーナー様

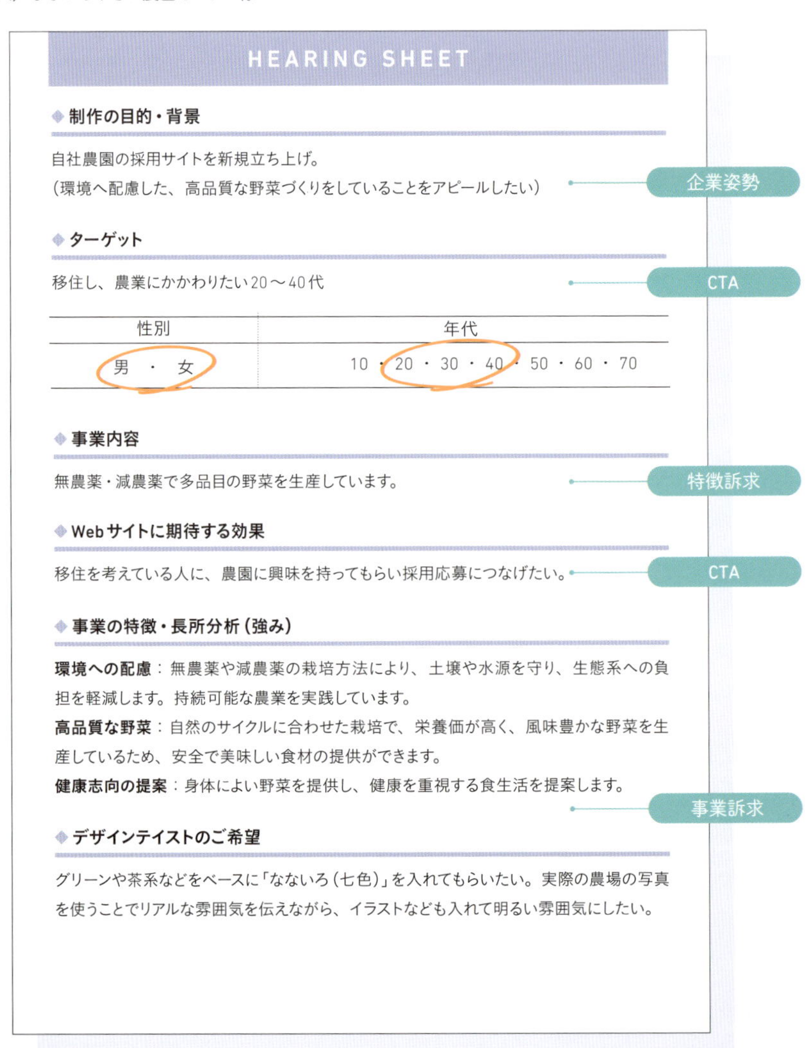
HEARING SHEET

◆制作の目的・背景

自社農園の採用サイトを新規立ち上げ。
（環境へ配慮した、高品質な野菜づくりをしていることをアピールしたい）

◆ターゲット

移住し、農業にかかわりたい20〜40代

性別	年代
男・女	10・20・30・40・50・60・70

◆事業内容

無農薬・減農薬で多品目の野菜を生産しています。

◆Webサイトに期待する効果

移住を考えている人に、農園に興味を持ってもらい採用応募につなげたい。

◆事業の特徴・長所分析（強み）

環境への配慮：無農薬や減農薬の栽培方法により、土壌や水源を守り、生態系への負担を軽減します。持続可能な農業を実践しています。
高品質な野菜：自然のサイクルに合わせた栽培で、栄養価が高く、風味豊かな野菜を生産しているため、安全で美味しい食材の提供ができます。
健康志向の提案：身体によい野菜を提供し、健康を重視する食生活を提案します。

◆デザインテイストのご希望

グリーンや茶系などをベースに「なないろ（七色）」を入れてもらいたい。実際の農場の写真を使うことでリアルな雰囲気を伝えながら、イラストなども入れて明るい雰囲気にしたい。

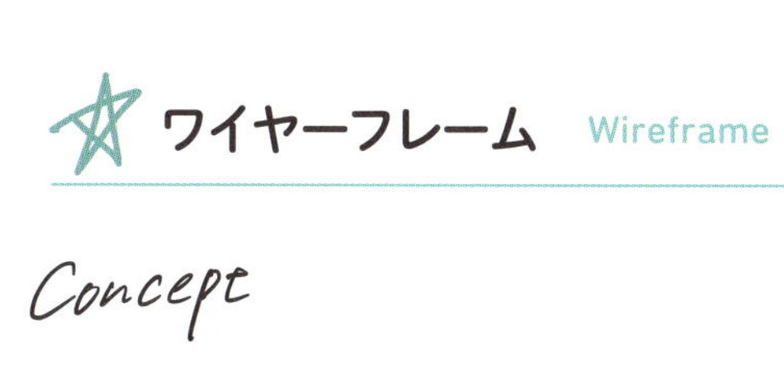

ワイヤーフレーム Wireframe

Concept

農園の様子を知ってもらい応募へとつながるよう、日常、コンセプト、スタッフへのサポート、仕事内容などのコンテンツを盛り込んでみます。イラストもうまく活用して明るい雰囲気に。

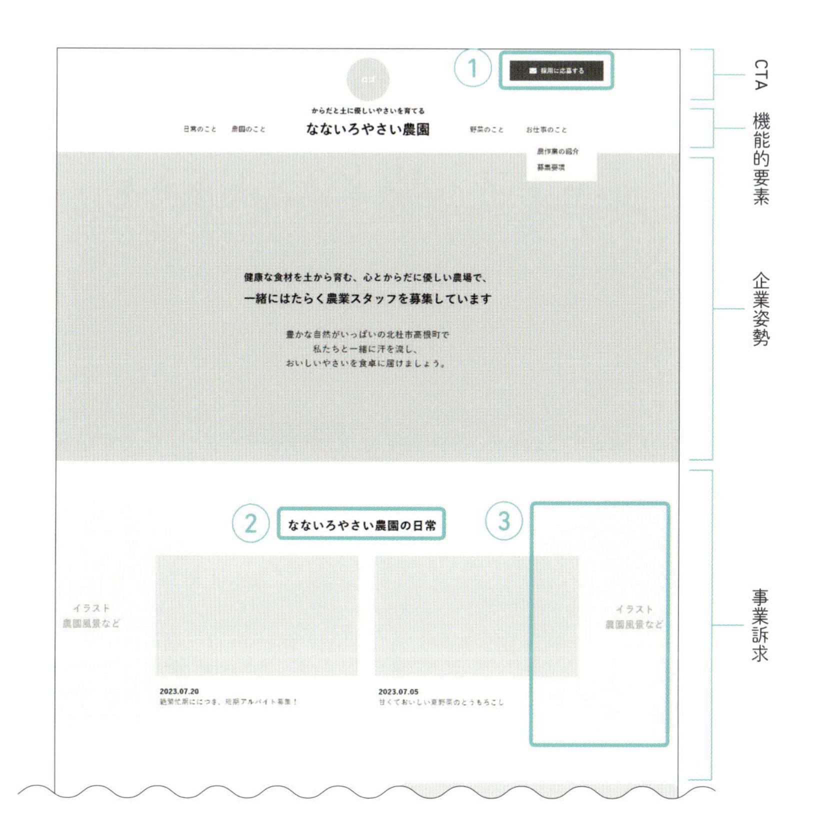

Layout point

① CTAボタン

すぐに応募ページにリンクできるボタンを設置。ボタン内の言葉は動詞「採用に応募する」にして、自然な言い回しで伝えています。

② ブログ

「農園の仕事」の様子を知ってもらうために、タイムリーな情報を発信します。親近感を持ってもらう目的も。

③ イラストのイメージ

ワイヤーフレーム時点では余計な先入観を植え付けないため、イメージイラストは入れずに言葉で補足。

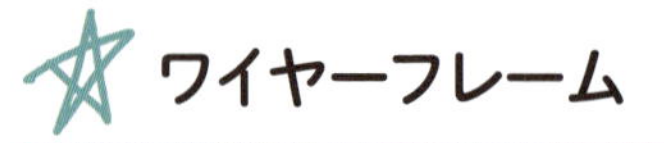

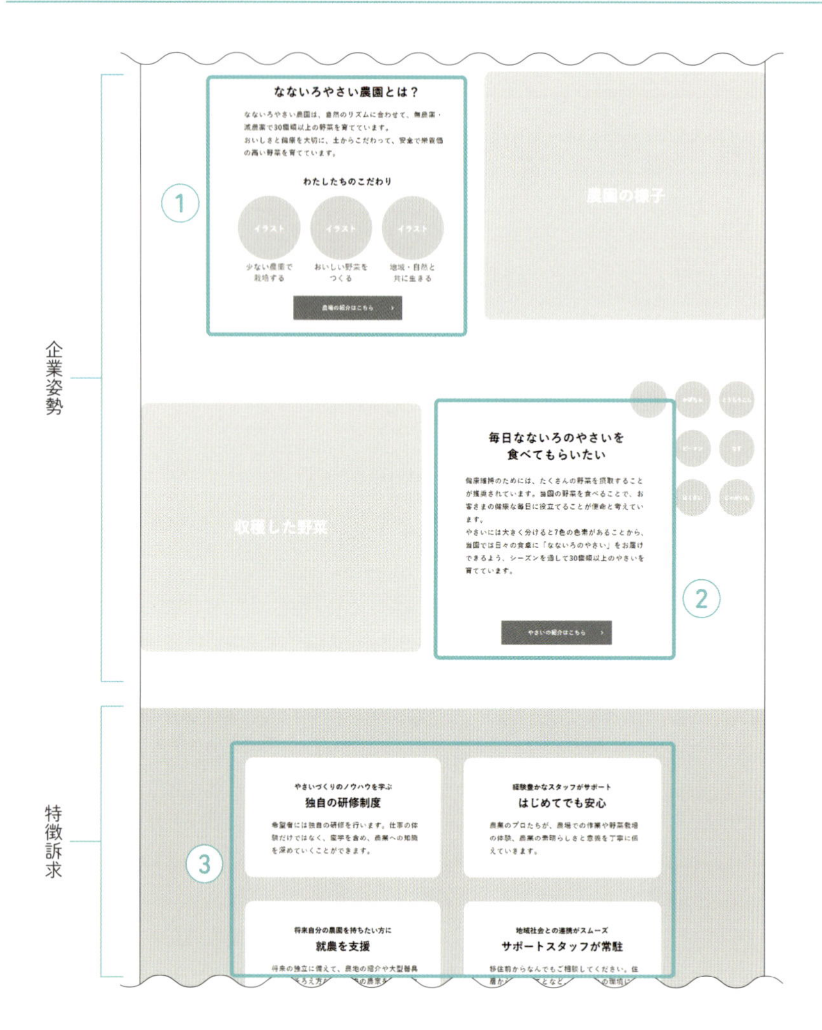

Layout point

① 農園の紹介

どのような方針で野菜づくりに取り組んでいるのかがわかるよう、簡単に「農園の特徴」を掲載しています。

② 情報を交互に配置

「農園のミッション」を紹介する内容なので、上段と続きになるように交互にレイアウトしています。

③ 採用サポート

自社のアピールに加え「求職者のメリット」や「採用に関しての農場の特徴」を明確に示し、関心を持ってもらえる内容にしています。

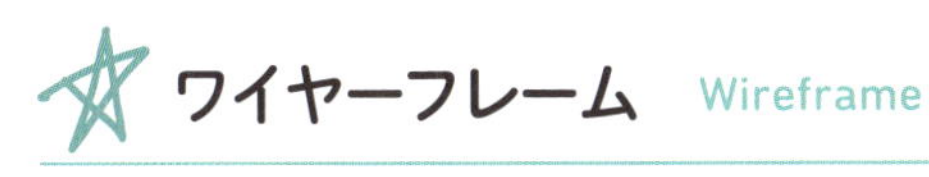

ワイヤーフレーム Wireframe

仕事内容／応募／アクセス／フッター

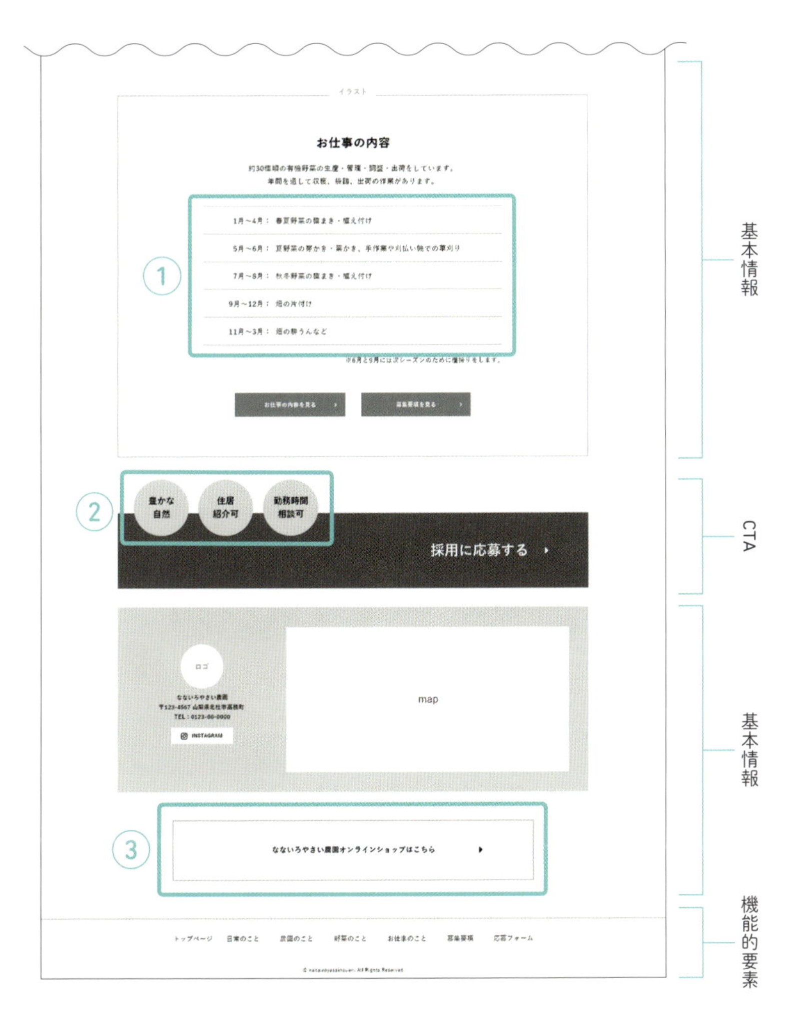

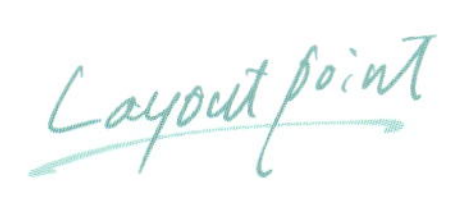

① お仕事の内容

年間を通して、さまざまな作業があるので「1年間のスケジュール」を簡単に紹介しています。

② 3つのポイント

応募ボタンには、「伝えたい3つのポイント」を掲載し、応募を促進します。CTAボタンなので大きめに。

③ オンラインショップ

求職者に購入を促すわけではありませんが、「オンライン販売」事業も行っていることを知ってもらえるようにバナーを設置します。

デザインカンプ Design - 1st Take

① ロゴから「なないろやさい農園の日常」まで、テキストの配置が中央に集中しているので、バラけさせて余裕をもたせたいです

② 写真は少し引いたカットにして、圧迫感を抑えたいです

③ イラストが多く使われているので、メニューが紛れてしまうかも

④ 見出しの両サイドやブログ記事のサムネイルまわり、背景イラストと、あしらいが多すぎるので抑えたいです

First check

テイストの異なるイラストが混在している

イラストのテイストやあしらいなど、全体的に子ども向けっぽい印象です。もう少し大人向けの雰囲気にしたいので、配色はビビッド系ではなくアースカラー系に。また線画と塗りのイラストが混在して統一感がないので、タッチをそろえたいです。

Color

- #000000
- #e06726
- #026135

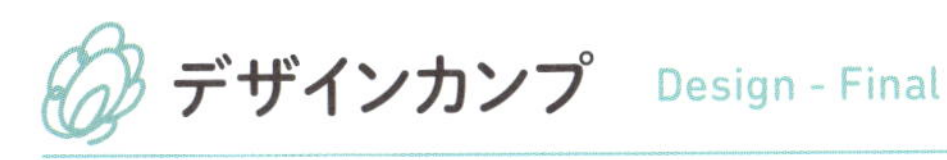

デザインカンプ Design - Final

1 テキストの配置を全体的に変更。CTAボタンはメインビジュアルの中で埋もれないように右上に移動しました

2 「5人の働く人」をレイアウトして、スタッフ募集の雰囲気を演出

3 メニューはテキストのみに

4 記事の表示を3つに変更。メインビジュアルがにぎやかなのでシンプルなデザインでバランスをとりつつ、さみしくならないようにイラストを添えました

Cool !!

イラストのテイストを変更し、ナチュラルなイメージに

農園のロゴ（サイト用として同時に制作を依頼された）のイメージをやわらかい雰囲気に変更し、イラストのタッチも統一しました。配色もビビッド系をやめて、アースカラー系でまとめました。

Color

デザインカンプ Design - 1st Take

1 イラストのビビッドカラーとテキストの黒がきつい印象なので、全体の調整とあわせてやわらかい配色に

2 イラストがごちゃついて見え、わかりにくいです

3 写真の形が特徴的ですが、サイト内容に関連しているわけではないので、ノイズになりそうです

4 野菜の写真に野菜のイラストでくどい印象です

First check

ビジュアルが主張し、読むことの妨げに

写真やイラストなどビジュアル一つひとつの主張が強いため、まとまりがなくちぐはぐな印象です。文章の行間が狭いため読みにくいこともあり、内容がスッと頭に入ってきません。配色やレイアウトを見直し、ちぐはぐ感を解消しましょう。

写真やイラストがそれぞれ印象的でまとまらない

デザインカンプ Design - Final

1 サイト全体の色合いにあわせてテキストの配色も変更しました

2 大きくレイアウトを変え、センター揃えに。スッキリしたデザインで、「3つのこだわり」が目立ちます

3 3つのイラストを同じ丸の中に入れグルーピング。背景写真に少し重なるように配置しています

4 野菜のイラストも入れつつ、「食べてもらいたい」の見出しにリンクしたイメージ写真を入れました

Cool!!

読みやすさに配慮した配置の工夫

イラストや写真は全体のテイストにあわせて落ち着いた印象に。見出しの一部を縦組みにしたり、本文の行間をゆったりと広げたので、テキストが読みやすくなりました。

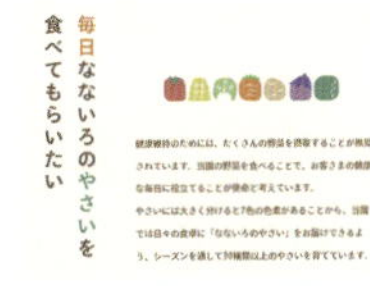

見出しや本文行間のBefore（左）、After（右）

デザインカンプ Design - 1st Take

First check

「4つのサポート」部分の見直し

「4つのサポート」は、ほかと見せ方を変えて特に目に留まるようにしたいですが、背景やあしらいのベタ塗りが重たい印象になっているので調整したいです。また上下で色を変える意味はないので、1つの色・デザインで統一しましょう。

色を変える意味がない……

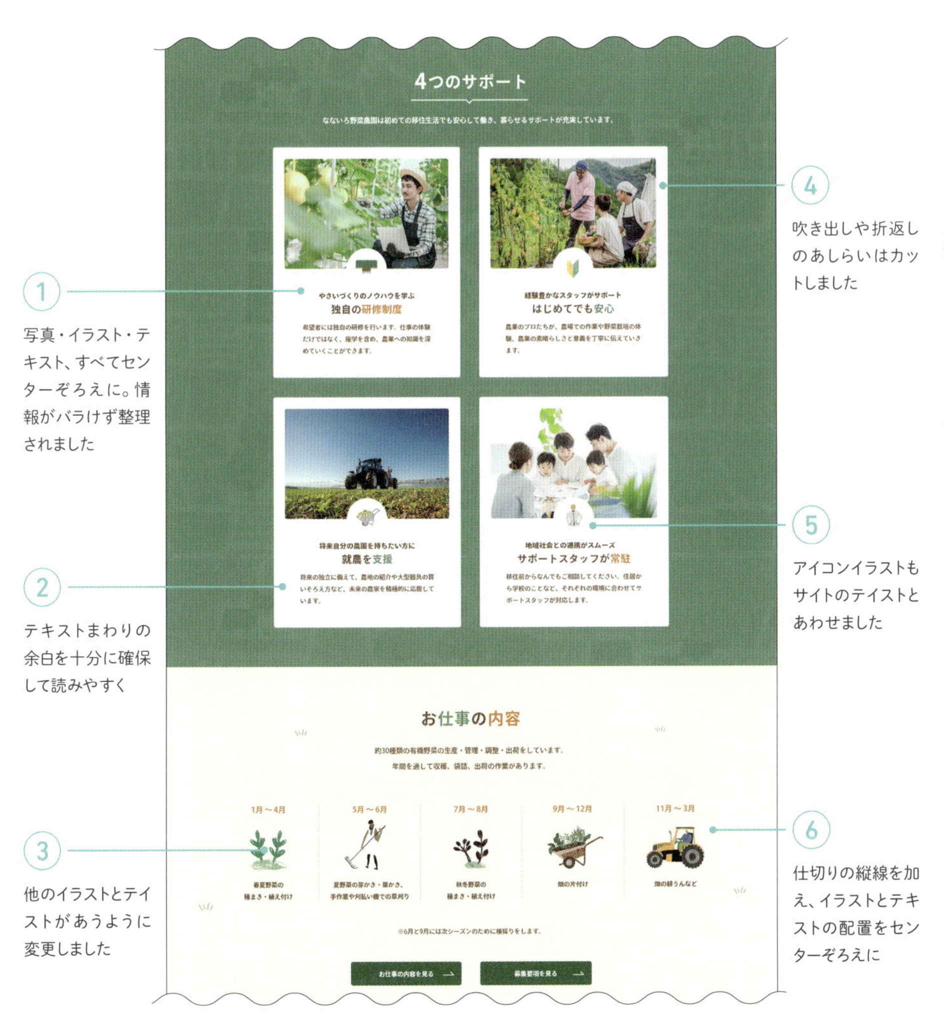

イラストをテクスチャー代わりに敷いて背景に〝抜け感〟を

「4つのサポート」の背景は、コンテンツを際立てるためにあえて濃いめの色をセレクトしましたが、ベタ塗りは重く感じられたので、畑のイラストをうっすらと敷くことによって〝抜け感〟を出しました。サイト全体で見てもちょうどいいアクセントになっています。

よく見ると畑のイラスト

デザインカンプ Design - 1st Take

1 写真の切り抜きがガタガタしています

2 アクセスマップもイラストでごちゃごちゃしてしまうのでカット

3 オンラインショップは、「こんなこともやっています」という雰囲気を伝えるものなので小さめに

4 ボタンではなく大きめのバナーに変更。バナーにすることで上下の仕切り線も不要になりデザインをスッキリできそうです

5 細かくて見づらいので、マップをグッと大きくして中央に配置

6 下のメニューにも小さなアイコンが並んでいるのでカット

First check

イラストの分量を調整する

イラストを活用するコンセプトではありますが、あれもこれもと入れすぎるのはNG。ごちゃついてイラストのよさを打ち消してしまいます。使いどころを見極めましょう。

かわいくても使いすぎはNG

デザインカンプ Design - Final

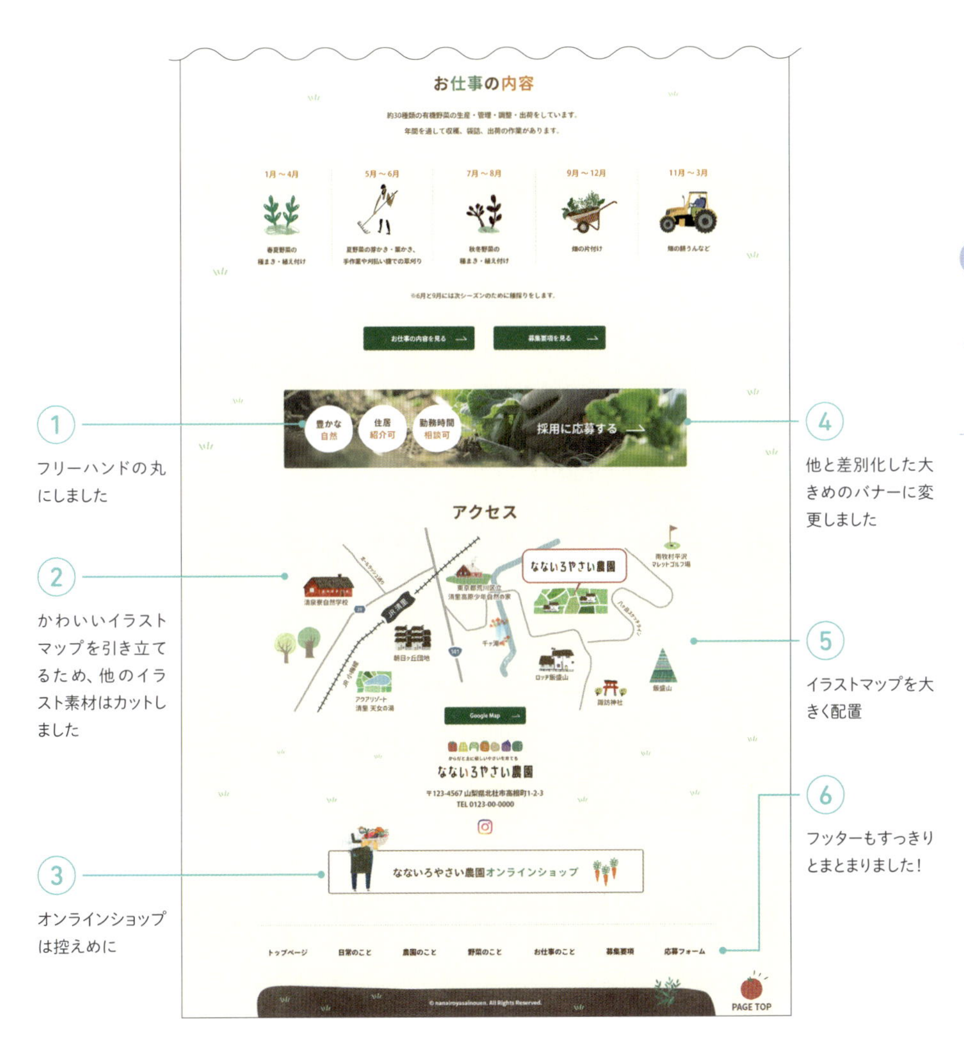

必要な情報を大きくし、メリハリをつけた

小さめなイラストを減らし、必要な情報となるイラストマップを大きめに配置。デザインにもメリハリが出て見やすくなりました。

かわいいイラストマップを大きく配置！

調整の軌跡　Brushup Process

● メインビジュアルができるまで

Take1

写真や文字の配置に圧迫感があるのでデザインを変更（詳細はP.168参照）。また人物写真を並べる場合は、顔の大きさや配置をそろえる（女性は少しだけ小さくする）

Take2

人数を増やしてスタッフ募集感を出したが、ごちゃつきやテキストが中央に集中しているのも気になる

Take3

中央に帯を敷いて、一番伝えたいことを目立たせた。左下にも背景にイメージ写真を追加するとよさそう

OK!

右下の欠けが埋まり、デザインがまとまった

「4 つのサポート」部分ができるまで

Take1

ベタ塗りで重たい雰囲気がすることや、配置のズレも整えたい（詳細はP●●参照）

コンパクトにまとめすぎているのでボリュームを出したい

サイト内で馴染んでしまい、あまり目立たない。レイアウトもバラけている

狭い範囲でタイル状に写真とテキストがまとまっているので、工夫がほしい

OK!

初校案を生かすデザインに。背景やあしらいを工夫したり、センターぞろえで配置を整理したので、デザインが浮いている感じがなくなった

Column

サイト内のテイストをそろえる

サイト内にテイストが異なる要素が混在していると、デザインが雑然として見え、違和感を覚えます。違和感があると、混乱し、重要な情報を見逃したり、誤解するリスクが高まってしまいます。
一方、テイストが統一されていると、デザインのイメージや方向性が明確になります。視覚的にも、ユーザーが心地よさを感じ、情報をスムーズに理解・処理しやすくなる傾向があります。

イラスト

イラストは、できれば同じタッチ（同じ人が描いた絵）で統一したいですが、難しい場合にはできるだけ同じテイストの素材をそろえるように気をつけましょう。

写真

複数の写真をグルーピングして並べる際には、テイストを統一することで視覚的な一体感が生まれ、直感的にひとつのグループとして認識されやすくなります。写真の内容だけでなく、色味や形をそろえる方法も効果的です。たとえば、同じ色調を持つ写真を選ぶ、似た形状やテーマを持つ画像にするなどの方法があります。写真に同じような装飾やデザインのあしらいを加えることでも、写真の統一感を強化することができます。

視覚的な調和を意識し、一体感のあるデザインを心がけることはデザイン全体のクオリティをアップすることにもつながります。

Chapter 5

バナー

Chapter
5-1 クリスマスギフトジュエリーPRバナー

グレイレイアウト Gray Layout

大切な人へ贈る
特別なジュエリー

Christmas
Gift Collection

【期間限定】

送料無料・ギフトBOX

特集ページを見る

glitter jewels

バナー上部に商品のイメージカットを置き、メインとサブテキストでまとめる。下のほうにその他情報とボタンを配置する想定です。

 ファーストテイク 1st Take

- ○ 全体：デザインの方向性はOK！
- ✓ あしらい：もっと「クリスマス感」がほしい
- ✓ 文字色：白が多いので変化をつけたい
- ✓ 写真：手の印象が強いので、ジュエリーがメインになるように調整。あわせて手が影のあしらいで暗くなっているので明るく
- ✓ 「特集ページを見る」ボタン：「期間限定」のくくり内で馴染んでしまっているので位置を変更し、リンクをわかりやすく矢印を追加

制作概要

◆ **バナーの目的**

ジュエリー販売を行うECサイトへの誘導

◆ **ターゲット**　20～30代男性

◆ **サイズ**　300×600px

◆ **盛り込む内容**

・メインテキスト：Christmas Gift Collection
・サブテキスト：大切な人へ贈る特別なジュエリー
・その他：【期間限定】送料無料・ギフトBOX
・ボタン：特集ページを見る
・店舗名：glitter jewels

セカンドテイク　2nd Take

✓ **あしらい**：雪の結晶で「クリスマス感」がプラスされたが、もうちょっとほしい

✓ **メインテキスト**：「Chtistmas Gift Collection」をやや下げたほうがジュエリーが目立ちそう。テキストで隠れている部分の指先（ネイル）もきれいなので配置を調整して活かす

ファイナル　Final

○ **あしらい**：クリスマスモチーフ（左上）とグリッター枠を追加したことでクリスマスギフトのワクワク感がアップ

○ **配置**：情報をグルーピングして整理したことで、商品写真のアピールしたい部分をよりクローズアップ

Chapter 5-2

エステティックサロンのキャンペーンバナー

グレイレイアウト Gray Layout

全メニュー対象!
平日昼割
20%OFF
期間限定　1/26 Fri まで
贅沢なケアをお得に体験しませんか?
Bloom Blush Salon
今すぐ予約する

テキストの優先順位を検討し仮配置。女性のイメージカットを入れ、「20%OFF」を一番目立たせます。店舗名と誘導ボタンは下部に並べます。

ファーストテイク 1st Take

このあたりのスペースがちょっとスカスカしているかも

- ○ 全体：グラデーションが印象的で目を引くので配色はそのまま活かす形に
- ✓ 写真：何のお店のバナーかわかりづらいので施術中のイメージに変更
- ✓ 写真：（ロングの髪色のせいか）華やかな色合いのグラデーションとマッチせず右側が重い印象
- ✓ 「平日昼割」：リボンの上が空いてしまっているので詰める
- ✓ 「全メニュー対象!」：両脇のスラッシュ（白）が見えにくいかも
- ✓ 「期間限定」：文字が太く読みにくいので少し細いフォントに

制作概要

◆ **バナーの目的**

予約申し込みサイトへの誘導

◆ **ターゲット**　20～30代女性

◆ **サイズ**　300×250px

◆ **盛り込む内容**

- メインテキスト：平日昼割20%OFFキャンペーン
- サブテキスト：全メニュー対象！贅沢なケアをお得に体験しませんか？
- その他：期間限定 1月26日（金）まで
- ボタン：今すぐ予約する
- 店舗名：Bloom Blush Salon

セカンドテイク 2nd Take

- ○「平日昼割」：リボンを縦に配置したことでスペースが空くことなく、デザインにも変化が
- ✓ 丸のあしらい：同じ大きさの丸が右上と左下に配置され優先順位がわかりづらく、バラバラした印象
- ✓ 首の上のスペース：あいてしまっている部分を調整したい
- ✓ サロン名：背景透過でごちゃごちゃしているので文字をスッキリ見せたい

ファイナル Final

- ○「20%OFF」：グッと大きくしてメリハリを出した
- ○「全メニュー対象」：吹き出しに。少し斜めに傾けているのがポイント
- ○ 首の上のスペース：「Campaign」の筆記体をグッと大きく薄くして空いたスペースをカバー
- ○ サロン名：背景を白にすることで、視認性がアップ
- ○ 全体：明るい印象でパッと見てもエステサロンのバナーであることがわかりやすくなった

Chapter
5-3 母の日フラワーギフトの早期ご予約バナー

グレイレイアウト Gray Layout

Mather's Day

早期ご予約
キャンペーン

10%OFF

FloraHeat Blossoms

FloraHeat Blossomsで
ありがとうを伝えるフラワーギフト

期間
4月10日(月) ～ 4月25日(火)

今すぐ予約する ▸

お花のイメージは適宜配置し「早期ご予約キャンペーン10%OFF」がパッとわかるよう一番目立たせるレイアウトに。キャンペーン期間と誘導ボタンは下部に並べます。

 ファーストテイク 1st Take

- ○ 全体：「10% off」を大きく、赤とネイビーで柔らかなピンク色を引き締めているメリハリのあるデザイン
- ✓ 全体：デザイン案はとても素敵ですが、ターゲットが、20～40代男女なので、あまりコテコテではなく、今っぽいオシャレな感じに方向性を変更
- ✓ 予約ボタン：わかりやすくするため矢印を追加

制作概要

◆ バナーの目的

母の日のお花を販売するLPへの誘導

◆ ターゲット 20〜40代男女

◆ サイズ 300×600px

◆ 盛り込む内容

・メインテキスト：Mother's Day 早期ご予約キャンペーン 10%OFF
・サブテキスト：期間：4月10日(月)〜4月25日(火)
・その他：FloraHeart Blossomsでありがとうを伝えるフラワーギフト
・ボタン：今すぐ予約する
・店舗名：FloraHeart Blossoms

ファイナル1 Final1

○ 全体：配色、デザインともにとてもかわいい！

✓ 写真：イメージ写真としては良いですが実際の母の日ギフトの訴求としては「ギフト用のお花」の写真のほうがよさそう。こちらもOK案ですが、写真を変更した別パターンも作成してください

ファイナル2 Final2

○ 配色：写真の色に合わせて背景色を変更

○ 「MOTHER'S DAY」：テクスチャーのかかった文字のため、ベタ塗りの背景でも重たい感じがしない

○ 背景のドア：配色に変化が出ていい感じ。花が少しはみ出しているのも広がりが出てGood！

Chapter
5-4 幼稚園 園児募集バナー

グレイレイアウト Gray Layout

メインテキストの「園児募集」だけ縦書きにして大きく、説明会の情報と誘導ボタンを下に配置する想定です。イラストを入れるなどしてかわいいイメージに。

 ファーストテイク 1st Take

- ○ 全体：幼稚園の雰囲気が伝わる可愛いデザインで、全体の方向性は問題ありません
- ○ ヘッダー・フッター：あしらいを上下そろえてもこもこで区切っています
- ○ 「園児募集」のあしらい：正円ではなく、少しゆがんだ丸にすることで柔らかい印象に。手書き風のイラストとも相性がよく、まとまりのあるデザイン
- ✓ 配色：オレンジのボタンが目を引き良い感じですが、緑系でまとまっていて落ち着いているため、もう少し明るい色に調整

制作概要

◆ **バナーの目的**

幼稚園HPの募集内容ページへの誘導

◆ **ターゲット**　20～30代男女

◆ **サイズ**　160×600px

◆ **盛り込む内容**

・メインテキスト：令和6年度　園児募集
・サブテキスト：入園説明会　9月15日（木）10:00～
・その他：自然に囲まれた園庭でのびのびとあそぼう！
・ボタン：詳しくはこちら
・店舗名：あかりの丘幼稚園

セカンドテイク　2nd Take

○ 全体の配色：園服とあわせた水色をベースに変更
✓ テキストの配色：白い線が多いので「園児募集」の文字色を「令和6年度」の背景色と同じ淡いイエローに

ファイナル　Final

○ 「園児募集」の配色：「令和6年度」の文字とつながりができ、コントラストも少し落ち着いて、温かみのあるデザインになった

Chapter
5-5 フィットネスクラブキャンペーンバナー

グレイレイアウト Gray Layout

StyleUp Gym
筋肉を鍛え、理想以上のカラダへ
春の新規入会キャンペーン
初月 月額料金 **無料**
2024年4月30日まで
お申し込みはこちら ▶

配置は上から、メインテキスト・サブテキスト・その他の順ですが、「キャンペーン」や「無料」の文字を目立たせるようなデザインに。

ファーストテイク 1st Take

- ○ 全体：デザインの方向性はOK
- ○ テキスト：「を」「の」を小さくするなど文字に強弱をつけて、デザインが単調にならないように工夫している
- ✓ 全体：目の引っ掛かりがほしい。少し色を入れる、あしらいを加えるなどして調整
- ✓ 写真：ジムっぽさをもう少し出したいので、写真のスペースを広げる
- ✓ テキスト：パッと見てすぐに「無料」のテキストに目が行くが、何が無料なのかを読み解いていく必要がありそう

制作概要

◆ **バナーの目的**

新規入会キャンペーン申込のLPへの誘導

◆ **ターゲット**　20～30代男性

◆ **サイズ**　300×250px

◆ **盛り込む内容**

・メインテキスト：筋肉を鍛え、理想以上のカラダへ
・サブテキスト：春の新規入会キャンペーン
・その他：初月月額料金無料　受付：2024年4月30日まで
・ボタン：お申し込みはこちら
・店舗名：StyleUp Gym

セカンドテイク　2nd Take

✓ 「初月」の文字：三角形と丸のバランスが気になるため、丸をカット。代わりに、文字の上に圏点を置くデザインで強調しては?

○ 写真：ギリギリまで写真のスペース(高さ)を広げた

○ 帯のコピー：ファーストテイクで上下の帯に並べていた「春の入会キャンペーン」「初月 月額料金無料」のテキストは左右に分けて並べ、上のテキストからZの法則で自然に文字を追える構図に

○ 左下のえんじ色部分(配色)：ポジティブで勢いのあるえんじ色にしたことで、文字サイズが小さくてもしっかり目を引いている

○ 左下のえんじ色部分(形)：端を三角にしたことで「無料」へと視線を誘導している(誘導元の部分もしっかり目に入るようになった)

ファイナル　Final

○ 「初月」の文字：上にえんじ色の圏点を置く形にあしらいを変更。三角と丸の違和感がなくなった

Chapter 5-6

観光旅館のスタッフ募集バナー

グレイレイアウト Gray Layout

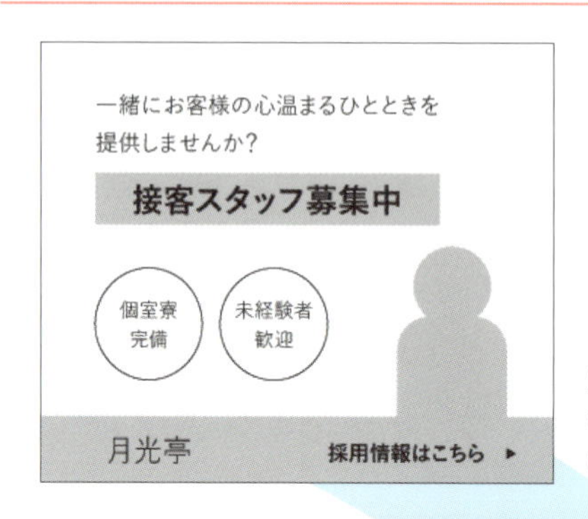

スタッフ写真を入れ、「接客スタッフ募集中」のテキストを大きく配置。「個室寮完備」「未経験者歓迎」は、わかりやすく並べる想定です。

ファーストテイク 1st Take

- 配色：塗りの深緑と写真の茶色、服の紺色、と全体的に配色が暗い印象
- フォント：お客様向けではなく、求職者向けなので、サブテキストは読みやすいゴシック系に変更
- メインテキスト：文字サイズ・色・角度がバラついていて、まとまりがない印象
- 背景と写真：つながりがなく違和感
- 文字の配置：「ひととき」が女性の頭にかぶっているのでレイアウト再検討

制作概要

バナーの目的

旅館HPの採用ページへの誘導

ターゲット　20〜40代男女

サイズ　336×280px

盛り込む内容

・メインテキスト：一緒にお客様の心温まるひとときを提供しませんか？
・サブテキスト：接客スタッフ募集中
・その他：個室寮完備・未経験者歓迎
・ボタン：採用情報はこちら
・店舗名：湯宿 月光亭

セカンドテイク 2nd Take

✓ メインテキスト：文字が木の枝に被ってしまい、ごちゃごちゃする。逆にテキストがあまり被らない右上の暗い部分が目立ってしまっている
✓ 女性の写真：もっと小さく、服の色を明るく調整
✓ 背景写真：明かりのある建物の外観が隠れてしまい、暗い石畳が目立つ感じになっているので配置を調整
✓ 「採用情報はこちら」ボタン：やや上に寄っている？帯の中央に配置

ファイナル Final

○ フォント：変更して全体的に柔らかな印象に統一
○ 背景写真：旅館のイメージがわかるように写真のスペースを広く変更
○ 女性の写真：服の色を明るく調整して暗さを払拭した
○ メインテキスト：写真が暗い箇所を活かして（さらに暗く調整し）文字を読みやすく
○ 全体：曲線のあしらいを加えたことで柔らかい雰囲気になった

Chapter

5-7

結婚式場 ブライダルフェア告知バナー

グレイレイアウト Gray Layout

サブテキストの中から「花嫁体験」の文言だけを大きくし、ひと目で何ができるのかをわかるように。「参加無料」は、丸で囲み、アイキャッチにする想定です。

ファーストテイク 1st Take

- ○ あしらい：花びらが舞い散る（フラワーシャワー）イメージで広がりを感じる
- ✓ 配色：GWのイベントなので爽やかな新緑のイメージに変更
- ✓ イラスト：雰囲気は素敵ですが、見た人が自分ごととして捉えられない感じがするため、リアル感のある人物写真に変更

制作概要

◆ **バナーの目的**

予約申し込みサイトへの誘導

◆ **ターゲット**　20〜30代女性

◆ **サイズ**　336×280px

◆ **盛り込む内容**

・メインテキスト：【GW限定】Bridal Fair
・サブテキスト：光が降り注ぐチャペルで花嫁体験　ドレス試着・豪華試食付き
・その他：参加無料　要予約　期間：4月28日（土）〜5月6日（月）
・ボタン：詳しくはこちら
・店舗名：Pearl Fairy Garden

セカンドテイク 2nd Take

✓ **★部分**：テキストまわりの余白が空きすぎている。実寸で確認すると全体的に文字の線が細く、弱い印象。バナーのサイズが小さいのでさまざまな情報が入り混じる画面の中でも、しっかり文字が目に入るように文字サイズを大きくしたい

✓ **テキスト**：とくに日付や「ドレス試着」「豪華試食」のテキストは大きくしてパッと見たときに目に入るように

✓ **配色**：余白の多い濃い緑の塗りの部分が目立ち、まだ重たい印象が。どこかにピンク系の差し色などがあってもよさそう

ファイナル Final

○ **配色**：余白の多いベタ塗り部分は減らし、「Bridal Fair」をピンクのグラデーションにしたり、「葉」を初校の「花びら」に差し替えて明るい印象に

○ **余白**：テキストまわりに余白が空きすぎないように全体を調整

○ **写真**：人物の写真も少し大きくした

○ **テキスト**：日付や体験できる内容を大きくして、小さなバナーでもパッと見て文字が認識できるようになった

○ **参加無料**：人物首元の空いてしまった余白のスペースを埋めるかたちでカバー

○ **「詳しくはこちら」ボタン**：左右の余白を減らし文字は大きく。ボタンの横幅は小さくなったが、グラデーションで押せる感がアップ

Chapter 5-8

パンフェス イベント告知バナー

グレイレイアウト Gray Layout

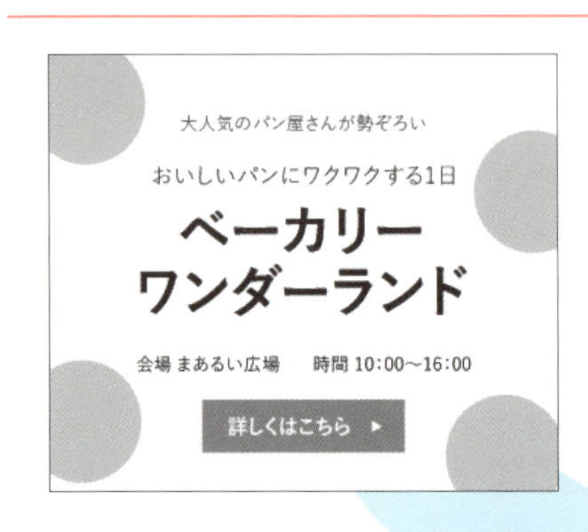

大人気のパン屋さんが勢ぞろい
おいしいパンにワクワクする1日
ベーカリー
ワンダーランド
会場 まあるい広場　時間 10:00〜16:00
詳しくはこちら

パンのイメージカットを散りばめて、イベントのワクワク感を出す。イベント名を一番目立たせ、開催情報と誘導ボタンは下部に並べます。

ファーストテイク 1st Take

- イベントタイトル：まわりの赤色が強いことや文字間の余白が広いため、イベント名が少し弱い印象
- イラスト：食品の場合、イラストよりも写真のほうが訴求できるため、写真に変更
- 開催情報：日時や場所は、わかりやすいように大きく
- 「詳しく見る」：デザインに馴染んでいて「ボタン感」がないので、ボタンの形に変更。テキストの左右が空いてしまっているのも、もったいないので調整を

制作概要

◆ **バナーの目的**

パンフェスを紹介するHPへの誘導

◆ **ターゲット**　20～50代女性

◆ **サイズ**　336×280px

◆ **盛り込む内容**

・メインテキスト：ベーカリーワンダーランド
・サブテキスト：おいしいパンにワクワクする1日
・その他：人気のパン屋さんが勢揃い
　日時：2023.11.4 10:00～16:00 会場：まあるい広場
・ボタン：詳しく見る
・店舗名：なし

セカンドテイク 2nd Take

○ **全体**：方向性を一新!このデザインで細かな部分を調整する
✓ **イベントタイトル**：ピンクの吹き出しや下のパンの写真も傾いていたり、星の角度もそれぞれなので、テキストはあまり傾けないように調整
✓ **ピンクの吹き出し**：吹き出しとテキストを太くする
✓ **「人気のパン屋さんが勢揃い!」**：背景の帯の高さの中央にくるように配置を調整
✓ **白いテキスト**：一番下の「人気のパン屋さんが勢揃い!」「詳しく見る」は上の背景色の茶色に変更してデザインを締める
✓ **茶色の背景**：空いている部分に上のほうで使っている星を散りばめて上とのつながりをつくる

ファイナル Final

○ **イベントタイトル**：文字の傾きを調整し、違和感を抑えた
○ **背景の茶色**：実は上のほうが〝なみなみ〟になっているのもかわいい
○ **開催情報**：配色を調整した星をまわりに散りばめてワクワク感をプラス
○ **「詳しく見る」**：小さくても押したくなるボタンに

Column

バナーは実際に設置する背景の上で制作する

バナーを制作するうえで重要なポイントのひとつに「そのバナーが実際に設置される背景でどのように見えるか」があります。

同じデザインでも、置かれる場所や背景によって見え方や印象が大きく異なるため、制作段階からその点を考慮することが必要です。特に、バナーの色づかいや構図は、背景の色やデザイン・レイアウトなどに左右されるため、実際の設置環境をシミュレーションしたうえで制作を行うようにしましょう。

事前にバナーを配置する予定の背景画面をスクリーンショットなどで用意し、その上で制作を進める方法がおすすめです。バナーが実際のページ上でどのように見えるかを確認しながらデザイン制作を進めることができます。

また、スクショ画像を用いることで、バナーが背景に対してどの程度目立つか、文字が読みやすいか、周辺の要素とバランスが取れているかといった視覚的な確認や調整がしやすくなります。

デザイン段階でこうした要素をシミュレーションをしておくと、クライアントへの説明や合意をスムーズに進めることができます。

バナーは画面の中で目立つか、文字は読みやすいか、周辺の要素とバランスは取れているかなど、確認・調整しながら制作しましょう

Chapter 6

ウェブデザイン制作時に気をつけたいこと

Chapter

6-1 ウェブデザイン確認の基本

ウェブデザイン確認の流れ

デザインをチェックする際にはまず、全体のテイストや世界観・方向性がズレていないか、与えたい印象と受け取る印象が一致しているかという点から確認します。

もし、デザインの方向性が違うまま進んでしまうと、後ですべて調整しなおさなければならなくなってしまいます。できれば、まずはファーストビューから少し下くらいまでを作ってみて、一度、方向性の確認をするようにしましょう。ズレがあれば早めの方向転換ができますし、問題なければ、安心して残りのデザインを進めることができます。

ただし、この時点では社内（デザインチーム内）での確認にとどめておきましょう。**デザイナー以外の人（クライアントなど）にファーストビューでの判断を求めるのは避けるほうが賢明。**中途半端な状態で見せてしまうと、不安感や不信感が生まれる原因となってしまいます。

全体の方向性に問題がなければ、実際にユーザーが閲覧をするのと同じようにページの上から下へ順に細かなチェックを進めます。コンテンツの流れやセクションのつながりなどに違和感がないか注意しながら、内容やあしらいを見ていきます。これについては、この章で紹介するチェック項目を参考にしてください。

デザインスキルに合わせたフィードバック

デザインのフィードバックをする際は、相手のスキルによってチェックすべきポイントがすこし異なってきます。

相手が初級者の場合は、基本的なこと（配置をそろえる、適度な余白、情報整理、メリハリなど）を確認します。まずは、そこができていないことが多いです。あしらいが過剰ではないか、あるいは少なすぎないかという点も指摘が多いポイントになります。

中級者の場合は、基本的なことは問題なくこなせていますが、尖ったデザインになりやすい傾向があります。もちろん、そのようなデザインがダメなわけではないですが、奇をてらいすぎるのはNG。レイアウトや配色などを少し定番に寄せるように調整すると、見違えるほどよいデザインになることがあります。そのあたりを念頭にチェックしましょう。

上級者の場合は、世界観やデザインテイストが問題なければ、細かなチェックバックが発生することはほとんどありません。デザインに着手する前に、ヒアリングやリサーチでデザインの方向性をしっかりすり合わせておくことが大切になります。

デザインスキル別チェックポイント

初級者

- 配置をそろえる
- 余白
- 情報整理
- メリハリ

など基本的なこと

中級者

- レイアウト
- 配色
- 尖りすぎてないか

上級者

- 世界観
- テイスト

おすすめの添削ツール

デザインの添削やフィードバックをやりとりするツールはいくつかあり、それぞれ異なる機能や特徴を持っています。使い勝手やチームでのやりとりのしやすさなどで選ぶようにしましょう。

便利なツールが増えたため手書きの添削は少なくなりました。手書きは読み間違いや内容確認の手間が発生したり、差し替えデータの添付ができないなど、効率的ではありません。たくさんの赤入れを見るとデザイナーの心が折れてしまい、モチベーション低下にもつながるため、デジタルツールの使用がおすすめです。

筆者は、ウェブ制作の場面で、バグや修正の指示をスムーズに行うために作られた「AUN」を愛用しています。直感的に操作することができ、メモの機能も充実しているため、デザインフィードバックに慣れていない人でも簡単に使うことができます。

AUN（あうん） https://aun.tools/

無料・登録不要ですぐに使うことができる

PC内やクリップボードなど、さまざまなところからの画像添付ができる

実際のサイトデザインに入れてチェックする

バナーや、すでにサイト内に掲載されている画像の差し替えデザインなどは、画像単体だけで見るのではなく、サイトのデザイン内に入れた状態で確認しましょう。画像そのもののデザインだけでなく、まわりの色や配置する場所、周囲のデザインなどによって見え方が大きく異なる場合があります。サイトのキャプチャーを撮り、その中でデザインするとよいでしょう。

チェックする時間や環境を変える

デザイン添削をしていると、判断に迷うこともよくあります。そんなときは、作業環境や時間を変えて、再度チェックしてみることをおすすめします。

筆者も実際に、会社でチェックしたときは気が付かないのに、自宅でリモートワークしていると気付くことがよくあります。また「デザインを一晩寝かす」のもひとつの手。時間を置いてから改めて見ると、初見時とは違った角度からデザインを見ることができます。

上空から見下ろす「鳥の目」の視点、つまり俯瞰の視点を、環境や時間帯を変えると意図的に作ることができます。判断に迷ったときはぜひ試してみてください。

Chapter 6-2

ワイヤーフレームのチェックポイント（基本）

事前準備

ウェブサイト制作を行うときは、そもそもの事前準備として、クライアントの業界についてしっかりリサーチをしておきましょう。提供された資料も熟読して理解を深めておくことも重要です。わからない用語があれば調べて、知識としてインプットしておくようにしましょう。

メニューやリンクのわかりやすさ

使いやすいウェブサイトの条件として、メニューやリンクの遷移先にどんな情報があるのかわかりやすくなっていることは重要です。
ユーザーが「自分は何を探しているのか」「どこをクリックすればそれを見つけられるか」、それらが簡単に理解できると目的の情報に効率的にたどり着くことができます。明確に見てもらいたい意図があるボタンは、「もっと見る」などの不明確な言葉ではなく、具体的にリンク先の内容がわかる言葉にしましょう。ゴールへとつながる重要度の高いコンバージョンボタンでは、名詞よりも動詞を使うことで、ユーザーに能動的に動いてもらえるよう促すことができます。

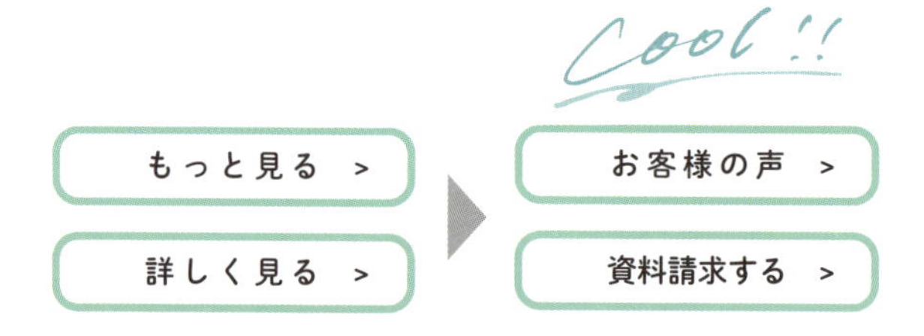

リンク先の内容がわかる言葉にすると、目的が明確になり、ユーザーは直感的に理解することができる

 ユーザーが迷子にならないか

サイトの構造自体も複雑にすることは避け、ユーザーが求める情報やセクション（ページ）にスムーズにアクセスできるようにしておきしょう。サイト内の移動がスムーズにできることは、ユーザーを迷子にさせないことにつながります。ユーザーが誤ったページに遷移するのを防ぐことでフラストレーションを低減し、サイトの使いやすさが高まります。

 初見でもすぐに伝わるか

内容が複雑だったり、わかりにくかったりすると、ユーザーはすぐにサイトを離れてしまいます（直帰率が高くなってしまいます）。初めてサイトを訪れた人にも、どんなサイトなのかがすぐに伝わるようになっているかは、ワイヤーフレームの時点でしっかり確認しておきましょう。

 「基本情報」へのアクセス

サイトに訪れるユーザーの多くは、特定の目的を持っています。特に、ビジネスや店舗のウェブサイトでは、電話番号・アクセス・営業時間・休業日・会社情報などの基本情報はニーズが多い情報です。これらはすぐに見つけることができるように導線を設けておきましょう。

 ユーザーが求める情報を把握、掲載しているか

ウェブサイトの最終的な目的は、ユーザーに価値を提供することです。クライアントの意向を尊重する一方で、ユーザーが実際に求めている情報をリサーチして、掲載されているかを再度チェックしてみましょう。

情報の優先順位

ユーザーが一番見たい情報は何か、クライアントが一番伝えたいものは何か、両方をつなげるものはないか、情報の優先順位を考えコンテンツや導線を組み立てましょう。

グルーピングによる情報整理

似たような情報はバラバラに配置するのではなく、グルーピングして整理しましょう。ユーザーが理解しやすくなり、判断を行う際のストレスを軽減することができます。逆に、関係ない情報どうしがグルーピングされていると混乱を招きますので、きちんと分けるようにしておきます。

表や図にして見やすくできる情報はないか

表や図を用いることで情報を見やすくできることがあります。文章に比べ表や図は文字量が少なく、視覚的に全体を把握しやすいため、見る人の脳の「認知的負荷」（脳が処理しなければならない情報の量や複雑さが一定以上に達し、負荷がかかってしまう心理的ストレス状態）を減らすことができます。もし表や図にできそうなところがあれば、積極的に活用していきましょう。

情報や内容は十分に足りているか

人はよくわからないものに対して意思決定をしません。ユーザーが疑問に思う情報はないか、必要な情報は十分に足りているかをチェックしましょう。情報が足りない、内容が薄いといった場合には、さらにリサーチやヒアリングなどを行い、盛り込める情報やコンテンツがないかを模索しましょう。ユーザーが求めるコンテンツやページの充実がサイトでの成果につながります。

メリハリがあるか

単に情報を整理し並べただけでは単調な印象になってしまいます。訴求する情報が目立つように、それ以外を小さくすることでコンテンツにメリハリが生まれます。ワイヤーフレームの時点でこれができていればデザインする際にもイメージしやすくなります。

間違った情報を掲載していないか

正しい情報を正しく伝えましょう。実際に自分の目で見て、ヒアリングして、体感して、間違った情報を発信しないことも制作者の責任です。

目的達成のためのゴールへの誘導

ホームページを立ち上げる目的はさまざまですが、サイト内ではその目的達成のためのゴールへと誘導することを第一と考えましょう。ゴールへと誘導するための戦略設計、わかりやすいCTAボタンの配置になっているかなど、ゴールへの誘導がうまくできているかは重要です。

デザイナーが違和感を感じないか

情報設計のベースとなる「情報整理」は、ワイヤーフレームの中でも一番重要です。ユーザーにわかりやすく情報を伝えることは大前提ですが、ワイヤーフレームとデザインを別々の人が担当する場合には「デザイナーが違和感を感じないか」という視点でも考えてみましょう。

「なぜここにボタンを置くの？」「これはどのページに遷移するの？」など、ワイヤーフレームに違和感のあるままデザインを進めると、違和感のあるデザインが生まれます。逆にデザインのイメージが湧いてくるようなワイヤーフレームであればデザイナーのアイデアの幅を広げることができます。これは最終的なデザインの質を左右するため、とても大切なポイントです。

方向性やイメージの共有方法

デザインの方向性に明確な指定がある場合を除き、ワイヤーフレームにはできるだけデザイン要素を盛り込まないようにします。そのため、ワイヤーフレームは「モノクロ」、フォントは「ゴシック体」で作成することがおすすめです。
もし、盛り込みたいイメージがある場合には写真などを入れますが、その写真が絶対なのか、寄せるのか、その雰囲気でおまかせなのか、などを共有しておきましょう。同様に情報の強弱などを共有する場合にも、デザイナーがワイヤーフレームに引っ張られてしまわないよう、あまりイメージをつけすぎないようにします。

デザインのテイストや希望のイメージなどがある場合には、ワイヤーフレームとは別に情報をまとめ、デザイナーに伝えるようにしましょう。ワイヤーフレームはサイト構造やページレイアウト、要素の配置などを示す設計図です。視覚的なスタイルや雰囲気に関する情報については、別途資料を用意することで、イメージの方向性決め、どのように視覚設計を行うかを段階を踏んで検討することができます。

Chapter 6-3
ワイヤーフレームのチェックポイント（レイアウト）

全体のレイアウト

基本の確認が終わったら、サイト全体としてのバランスも確認しておきましょう。ゴールへの導線、内容が必要十分であるか、メリハリがあるかなど、あらためてチェックしましょう。

テンプレートのような配置を多用していないか

定型のテンプレートのような配置のワイヤーフレームをつくると、デザインを作成する際にその印象に引っ張られてしまい、ワイヤーフレームのままのようなデザインになってしまうことがあります。ターゲットやニーズに合わせて配置を最適化したり、情報の順を追って、必要なところに誘導ができるような導線を考え、テンプレートのままではなく少し変化をプラスしてみましょう。

×

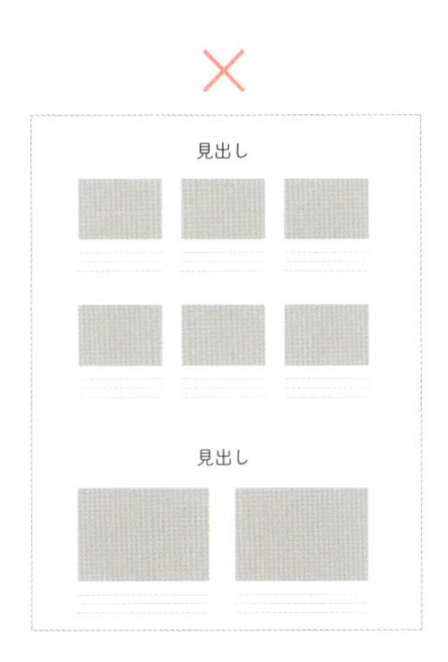

○

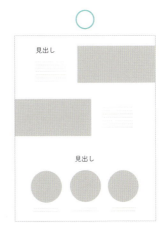

配置が単調になっていないか

人間は単調なものにはすぐに飽きてしまうもの。それはウェブサイトでも同じことです。テキストボックスばかりが続く、片側にコンテンツが偏って視覚的なリズムに欠ける、一定のパターンが繰り返されてばかり、などの単調な配置だと、視覚的な疲労が生じ、ユーザーの注意を維持することが難しくなる傾向があります。
もし単調になっていると感じたら、メリハリをつけたほうがよさそうなところはないか、変化をつけられそうなところはないか、検討してみましょう。

単調な配置例

テキストボックスばかり……

片側に偏っている……

セクションが変わっても同じ配置……

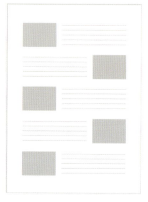

交互配置の繰り返し……

メニューまわりはゆったりとしているか

メニュー周辺はごちゃごちゃさせずゆったりと見せるようにしましょう。そのほうがユーザーにサイト内の構造やどのようなページがあるのかをわかりやすく伝えることができます。

配置する場所や大きさは適切か

それほど目立たせなくてもよい情報を大きくしすぎていたり、逆に大きく扱いたいところが小さすぎないかチェックしてみましょう。

区切りやグルーピングがわかりやすいか

セクションの区切りや、要素のグルーピングがあやふやになっていないか確認しましょう。もし問題があれば、余白を調整したり、背景や仕切り線を入れる、枠で囲むなどして、調整します。

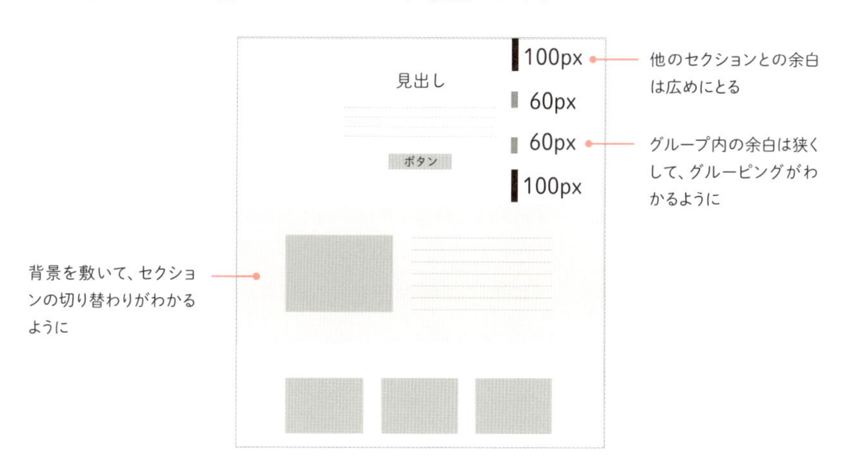

情報がぎゅうぎゅうになっていないか

情報が密集しすぎていると、ユーザーが内容を理解しづらくなり、重要な情報が見逃されることがあります。情報の配置を変えたり、別のアプローチがないかなどを検討しましょう。

Chapter

6-4 ワイヤーフレームのチェックポイント（テキスト）

 文章・コピー

文章は、ウェブサイトで情報を伝えるための重要な要素です。デザインだけでは正しく理解できないこともあるため、相手の解釈に委ねずに言葉で説明しておく必要があります。テキストひとつで、制作するデザインの印象がガラリと変わることもあるため「言葉もデザインの範疇」と意識し、ワイヤーフレームの時点で文章やコピーもしっかりと詰めておきましょう。

 メニューは日本語表記か

ウェブサイトのメニューを英語にすると見た目もかっこいいですが、日本語を母国語とするユーザーは、日本語で表示されるほうが理解しやすく、サイトのナビゲーション操作がスムーズです。英語のみのメニューは読んで内容を理解する必要があるため、パッと見て内容がわかりにくい傾向があります。検索エンジン最適化（SEO）への対策などもあるため、ターゲットや方針に合わせて言語の表記を検討しましょう。

長文、または読みづらくないか

文章は情報を伝える大切な要素ですが、情報過多の現代でユーザーの注意力は限られてしまいます。長い文章は注意力を維持するのが難しく、とくにウェブでは情報を迅速に消化したいというユーザーのニーズが強いため、わかりやすい言葉と簡潔な表現が好まれます。次のような工夫をして読み進めやすくしましょう。

- 適度な文章量に編集する
- 流し読みでもなんとなく理解できるようにまとめる
- 箇条書きにする
- 強調箇所に太字やハイライトを入れる
- 写真やグラフ・図などの視覚情報で補足する
- 余計な文言はカットしてわかりやすい見出しにする

ざっくりと目を通し、興味があればあとからじっくり読む場合もあるので、文章は削りすぎるのではなく「概要を伝える文＋詳細を伝える文章」で組み立てるのも方法のひとつです。

見出しは興味をもってもらえるような内容か

見出しには、単語を置くことが多いですが、興味を引くような文章にするのもおすすめです。文章ばかりにしてしまうとわかりづらくなることもあるため、前後の情報の流れも考慮しながらバランスを考えてみましょう。

見出しを文章にした例

- 「弊社の特徴」→「○○が大切にしていること」
- 「事業内容」→「わたしたちの仕事」

※○○=会社名など

その会社らしい言葉遣いになっているか

ウェブサイトは、その会社、お店、商品などの分身です。そのため、実際の雰囲気（テンション）にあった文章・言葉遣いになっているかは重要です。言い回しが硬すぎたり、カジュアルすぎたりしていないか、またはそれらが混在していないか、語尾が統一されているかなどを確認し表現をそろえましょう。
専門用語が出てくる場合は、誰でも理解できる言葉に変換したほうがよいのか、そのままにして専門的な雰囲気をもたせたほうがよいか、ターゲット層とあわせて確認しましょう。

表記がブレたり、文脈がズレたりしていないか

文章内の文脈のズレや、同じ意味の言葉で表記にブレがあるとユーザーの混乱を招く可能性があるため、ワイヤーフレームの時点でよくチェックしておきましょう。「英字の大文字と小文字」「漢字とひらがな、カタカナ」が混在するなどのブレはよくあるので、特に念入りに。ほかにも、次のような注意が必要です。

・正式名称を使う（例：〇インスタグラム　×インスタ）
・数字や記号はそろえる（①❶などを混在させない）
・「11 I」「11l」など、数字の1（イチ）とI（アイ）やl（エル）を混同するような表記は避ける（別の文字にする）

ありきたりなコピーになっていないか

よくあるキャッチコピーは耳なじみがよく「それっぽく」聞こえますが、ユーザーも見慣れているため、刺さらないことがあります。
広告などでもそうですが、ウェブサイトにおいてもコピーは大事な要素です。抽象的な内容になっていないか、ターゲットに刺さるのかなどを、冷静な視点で確認する必要があります。「ほかにはない強み」を活かした文章にする、キャッチーなワードを取り入れるなど、アプローチ方法もさまざまなので、さまざまな角度からしっかり検討しましょう。

文章の中に同じ言葉が重複していないか

同じ言葉が繰り返されると、その言葉の意味が曖昧になったり、強調したいところがぼやけたりすることがあります。言い回しを工夫して、同一ワードの繰り返しを避けると、読みやすい文章になります。ただし、SEO対策などの意図がある場合は除きます。
「の」「に」「は」など同じ助詞を連続して使うと読みにくく、内容がわかりにくくなってしまいます。幼稚な印象を与えることもあるため、他の言い回しに変更しましょう。

助詞が連続してNG例

・弊社の商品の一番の特徴のポイントは液だれしないことです

ユーザー

Chapter 6-5

ワイヤーフレームのチェックポイント（あしらい）

あしらい

ワイヤーフレームに過度なあしらいは不要ですが、デザインする際のヒントになるようあらためて以下のポイントを確認しましょう。

デザイン要素を盛り込んでいないか

ワイヤーフレームは、フォントはゴシック体を基本とし、デザインのイメージをつけないようにデザイン要素を省いたモノクロで作成します。あらかじめイメージや指定があるものについては、コメントや写真を入れておきます。そのイメージが絶対なのか、寄せるのか、それとも参考なのかなども、デザイナーと共有しておくと相違を避けることができます。

情報の強弱がわかるようになっているか

コンテンツや機能の優先順位を明確にすることで、デザイナーが視覚設計の際にユーザーの注意をどこに向けるべきかを判断しやすくなります。大きく扱ってほしい情報やボタンは大きくしておくなど、情報の強弱がわかるようにしましょう。
デザイナーがワイヤーフレームに引っ張られないよう、イメージは付けすぎないことがポイントです。

Chapter
6-6 デザインのチェックポイント（レイアウト基本）

 そろえるべき部分はすべてそろえる

意図的に配置をずらしている部分を除き、すべての配置はそろえるようにします。実はこれだけでも印象がグッと変わることがあります。特にシンプルなデザインは、細かな部分の配置までピシッとそろっていないと仕上がりがどこかチープな印象になります。そろえたつもりでもズレていないか、もう一度見直してみましょう。
以下によくある「そろえ漏れ」を挙げます。細かいところですが、ぜひ覚えておいてください。

アイコンとテキストの高さがズレている

アイコンとテキストの高さがズレている

線とその下のテキストボックスの配置がそろっていない

アーチ文字の最初と最後の文字の高さがそろっていない

なぜそろえることが大切なのか

細かいところまできちんとそろっているデザインは、見た目も美しく、内容も理解しやすくなります。その理由は下記のとおりです。

認知的負荷

「認知的負荷」とは、脳のワーキングメモリが処理する情報量や、その処理にかかる精神的なエネルギー量を指す言葉です。PCやスマホと同じように、人間の脳にもメモリのようなものが備わっていて、それを使いすぎると、脳に負荷がかかってしまいます。しかし、要素がそろっていると負荷が軽減され、脳は情報を整理しやすく、理解しやすくなります。

美的満足感

ある研究によると、均一性や一貫性は美的魅力に寄与すると言われています。

この例では縦方向と横方向の余白が均一ではないため、余白の広さをそろえたほうが美しくなる

配置のリズムがつくられているか

デザインの配置されている比重が片側に寄っている場合は、画面のバランスを見て調整しましょう。配置のほかにも、大きさや角度などを工夫することでデザインのリズム感を作ることができます。

視線誘導

「視線誘導」とは、意図した順番でデザインを見てもらうようにする手法のことです。人の視線が動く原理を理解したうえで、それに合わせてコンテンツを配置することで、視線誘導の効果が得られます。
視線誘導にはいくつかの方法があり、主なものは下記のとおりです。ユーザーの視線を自然に誘導し、読んでもらえるようになっているか確認してみましょう。

Fの法則

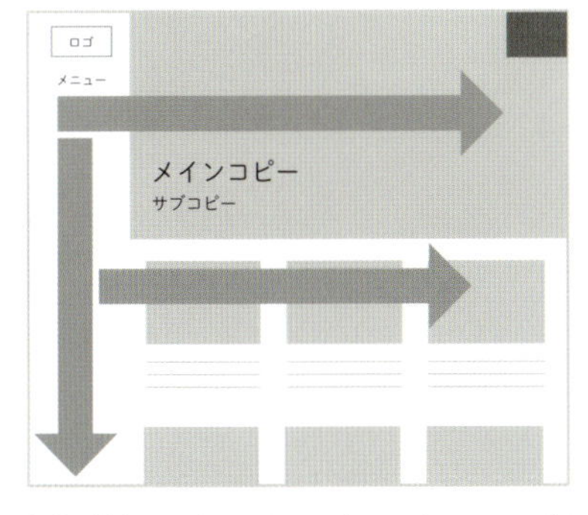

視線が「左上→右上→左下→右下→さらに下」の順に動くパターン

Zの法則

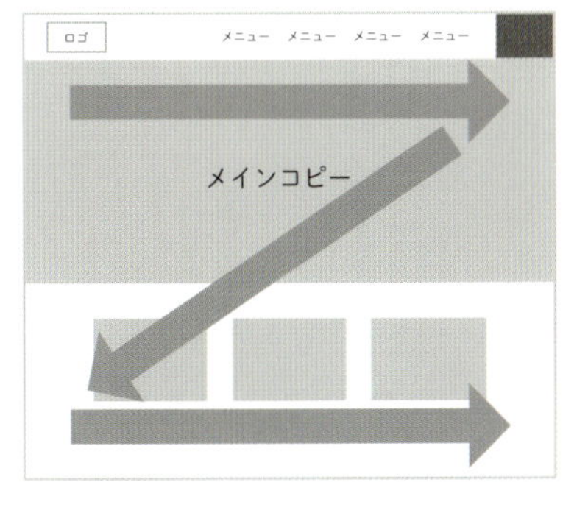

視線が「左上→右上→左下→右下」の順に動くパターン

Nの法則

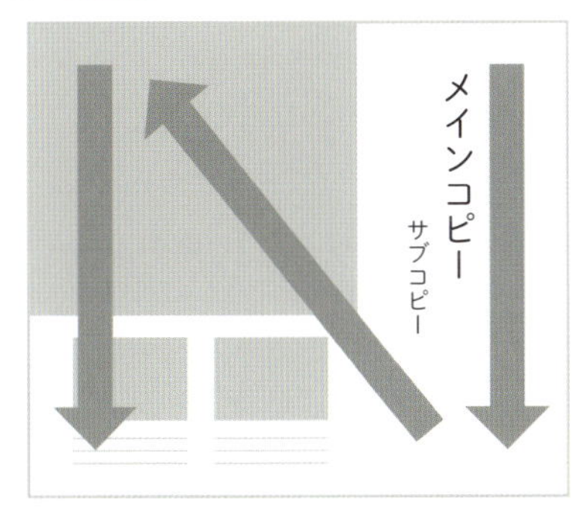

視線が右上→右下→左上→左下の順に動くパターン。ウェブデザインでは少ないが、雑誌などでよく見られる

数字で誘導

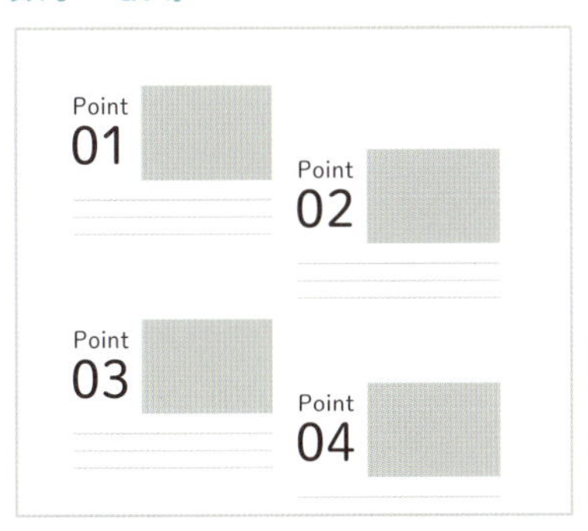

視線が数字の順番どおりに動くパターン

視線誘導効果は、人の注意を特定のポイントへと自然に誘導する心理効果です。たとえば、ある人が特定の方向を見ていると、周りの人々も無意識のうちにその視線に従って同じ方向を見ます。同じようにデザインの中でも写真やイラストの人物、動物などの視線の先にユーザーに見てもらいたい、読んでもらいたいコンテンツを配置することで、見る人の視線を自然と誘導することができます。

人物や動物写真（イラスト）の視線の先にユーザーに見てもらいたいコンテンツを置くのも視線誘導の手法のひとつ

 空いてしまったスペースはどうする?

配置するものがなく、なんとなくスペースが空いたままになってしまうことがあります。意図的な余白であれば問題ありませんが、「空いてしまった」スペースはユーザーに違和感を与えます。
もし意図しないスペースができてしまったときは、あしらいや配置などで工夫しましょう。関連するモチーフをグッと大きくして、色を薄くし、はみだすように配置する方法もその中のひとつ（P.57参照）。案外うまくいくこともよくあります。

デザイナー

枠の中に入れすぎていないか

整理整頓やデザイン的な装飾のために要素を枠で囲みすぎてしまうことがあります。枠を使いすぎると情報が断片化され、ユーザーが情報を理解しにくくなったり、見た目にも窮屈な印象を与えることがあります。
囲みを少なくすることで、視覚的な混雑を減らし、広がりを出すことができます。

ほとんどのテキストを枠の中に入れてしまっているため、窮屈で混雑した印象

画像の切れ目に文字を配置していないか

画像や配色の切れ目にテキストを配置するデザインはおしゃれな一方で、視覚的な混乱と注意の分散が起こるため注意が必要です。線の細いフォントや、背景色に近い色を使うと、背景と文字のコントラストが不十分になり、すっと目に入ってこない場合があります。
背景が不均一で読みにくい文字は、目に入った情報を脳が処理する際に余計に労力が必要になります。特にメニュー部分などは配色の切れ目に文字を配置しないようにします。
画像や配色の切れ目にテキストを配置する場合には、文字を太く大きくし、見やすくする工夫をしましょう。

写真の中と外で文字の見え方が異なるので、目に入った情報を無意識下で処理をする際に余計に労力が必要に

✓ 写真の構図について

写真を使う際は、トリミングに注意しましょう。見た人にどこか違和感や不安感を与える「NG構図」というものがあるからです。

首切り構図

画像や配色の切れ目に人物の首や関節部分が重なる構図です。このような構図は、無意識のうちに首や関節が切られているような印象を与えてしまいます。

背景の切れ目が首に……

背景の切れ目が手首に……

生首構図・串刺し構図

人物の首のところでトリミングすると、生首のように切れている印象になります。人物の頭の上に縦線が入る「串刺し構図」もNGです。人物紹介などを作成する際は注意しましょう。

生首みたい……

頭に棒が刺さってる……?

目刺し構図

人物の目に何かが刺さるような背景の場合は配置を調整します。

吹き出しが目に……

木の枝が目に……

配置がガタガタしているところはないか

デザイン的にいい感じに見せるため、意図的にずらして配置する場合がありますが、実は普通にそろえたほうが見やすくしっくりくることもあります。本当にそのずらしが必要か一度見直してみましょう。そろえた配置のデザインも作って比較してみるのもよいかもしれません。

角度がバラバラになっていないか

ひとつの画像のなかで傾いている角度がバラバラだと、視線が忙しくなり落ち着かない印象になります。特に意図がない場合は角度を統一するよう調整しましょう。

いろいろな角度の文字が混在していて落ち着かない…

人物の顔の位置や大きさがそろっているか

人物の写真を並べて配置するときには、人物の顔や体の大きさ、配置をそろえるとデザインのバランスがよくなります（P.159参照）。実際の体の大きさなどを考慮して、女性を男性より小さくするなどの調整も行いましょう。

Chapter 6-7

デザインのチェックポイント（レイアウト応用）

 レイアウトの3つのコツ

前項ではデザインのレイアウトの基本的なことを紹介しました。ここでは、それらを実際のデザインでうまく活用する方法を紹介します。
デザインを単調なものにせず、印象的に仕上げるためには「そろえる」「ずらす」「はみだす」の3つのコツがあります。これらをうまく複合させていきましょう。

 基本は「そろえる」

デザインの基本ともいえる「整列」。まずはテキストや画像など、構成する要素の配置をそろえましょう。下例では、基本的はセンターぞろえでデザインを組んでいます。

基本的にテキストはセンターぞろえにしている

角度や配置、大きさ、色を「ずらす（はずす）」

デザインの要素の角度や配置、大きさ、形状などに変化を付けることで単調なデザインに動きやリズムを与えます。例えば文字のサイズやフォント、画像の配置や角度、大きさなどを変える（ずらす）ことで視線を引き付ける効果が生まれます（筆者はずらす効果としてよく手書き文字を使います）。
これは「サリエンス効果（顕著性効果）」と呼ばれる心理効果に対応した手法です。人間の脳は常に五感から刺激を受けているため、すべてに反応をしていると処理能力が追いつかないことから、9割以上を無意識に処理していると言われています。形状、位置などをずらし、わざと注意を引く刺激をつくることで、視線を引き付ける効果を生み出します（やりすぎには注意）。

逆にずらす要素が少ないと、高級・上質な印象になり、訴求力が控えめになります。そのため、〝売り感〟を抑えたいブランドイメージなどでは、あまりずらさないデザインがおすすめです。

枠から「はみだす」

デザインの一部、たとえばイラストや写真、背景画像などを、規定の枠からはみださせると、視界に広がりを与える効果があります。これは「アモーダル補完」と呼ばれる脳の補完機能（脳が見えない部分を補完して全体像を認識する）によるものです。あえてはみだすデザインにすることでイメージに広がりを持たせることができます。

3つのコツを共存させる

「そろえる」「ずらす」「はみだす」の3つをうまく組み合わせてデザインに取り入れると、魅力的で印象に残るデザインに近づけることができます。2つだけでは物足りないため、3つの要素をすべて取り入れることがポイントです。
この3つをうまく共存させるにはバランスが重要です。頭の中だけで完結せずに、積極的に手を動かしてさまざまなアイデアを試してみましょう。

Chapter
6-8 デザインのチェックポイント（配色）

 同じトーンで色をそろえすぎていないか

色は同じトーンでそろっているほうがきれいですが、まとめすぎても変化がなく、見た人に退屈な印象を与えることがあります。ユーザーを飽きさせないためにも、コンテンツの変化を感じさせ、注目すべきポイントを色で伝えることは重要です。
色の持つ力は大きく、トーンを変えることで情報の階層を視覚的に示すことができます。しかし、色彩が均一すぎると、この情報階層がぼやけてしまい、コンテンツの重要度や関連性を効果的に伝えることが難しくなってしまいます。まずは基本である「70：25：5の法則」をもとに配色の設計を検討してみましょう。

 配色70：25：5の法則

配色の「70：25：5の法則」は、デザインにおいて色彩をバランスよく配分するためのガイドラインです。デザイン全体の色づかいを3つの色（ベースカラー、メインカラー、アクセントカラー）に分け、それぞれを70%、25%、5%の割合にすることで、バランスのよい配色に仕上げることができます。

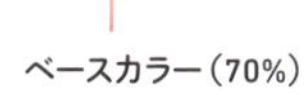
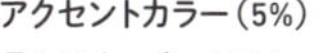

ベースカラー（70%）
デザインの大部分を占め、基調となる色。背景や大きなエリアに用いて、視覚的な安定感を与える

メインカラー（25%）
主色を補完し、デザインに変化をもたらす色。小さなエリアや要素に使用し、視覚的な関心を高める

アクセントカラー（5%）
最も目立つ色。アクションを促すボタンや重要な情報に使用。デザインにアクセントを加え、視覚的な焦点を作り出す

色を使いすぎていないか

色の使いすぎにも注意が必要です。色の使いすぎはデザインがごちゃついて、ユーザーが重要な情報を見つけにくくなる可能性があります。
色を限定して使用することで、サービスや企業などのブランドイメージにも一貫性が生まれ、専門性やプロフェッショナルな印象を構築することができます。メインで使う色は3色程度に抑えて、まとめるようにしましょう。

色がくすみすぎていないか

落ち着いた雰囲気や優しさを表現するのに適しているため、女性向けのオシャレなデザインとしてよく見かけるのが「くすみ」カラーです。
柔らかな色合いで人気がありますが、鮮やかさが控えめなため、使いすぎるとテキストや他の要素間とのコントラストが不足し、視認性が低くなることもあります。
もし使用した場合は、重要な情報やアクションを促すボタンなどが見過ごされることがないか、見直しをしましょう。

ベタ塗りを多用していないか

ベタ塗りの背景はどうしてもその部分が重たい印象になります。重厚感や高級感を与えたいデザインは別ですが、そうではない場合はベタ塗りを多用しないことをおすすめします。
テクスチャーを敷いて背景に質感を出したり、グラデーションをうまく活用して〝抜け感〟を与えるなどして、脱ベタ塗りを目指しましょう。

写真の中の色を使う

写真の中の色をデザインの配色に取り入れることで、視覚的な統一感を生みだすことができます。セクション内やあしらいの一部など、写真を使うデザインで配色に迷ったときは、写真の中から色を拾ってみるのもおすすめです。

人物写真の顔色が悪くなっていないか

人物写真を青みがかった配色にすると顔色が悪いイメージを連想し、気持ち悪さを感じさせる場合があります。人物写真はデザインに色調をあわせる調整は必要ですが、できるだけ肌の色が残るようにしましょう。

赤と青の配色は適切か

赤と青は色相が大きく異なり、隣り合わせにすると視覚的な振動やぎらつきを感じさせることがあります。特にテキストで使う場合、背景と文字色の組み合わせによっては読みづらくなることもあります。
心理的にも赤は暖色を代表する色、青は寒色を代表する色で、本能的に対比する感覚を引き起こすため、広範囲のベタ塗りで並べることは避け、バランスを考えながら調整を行いましょう。

ギラついていて読みにくい…

黄色と白の配色で読みづらくなっていないか

黄色と白の組み合わせは、視覚的なコントラストが少ないことから読みづらいと言われています。
黄色のテキストを白背景に置く（またはその逆）と文字が背景に溶け込み、識別しにくくなります。直射日光の下や明るい場所では、さらに視認性が低くなるため、配色の見直しを検討しましょう。

赤の使い方は適切か

文字に赤色を使う際には注意が必要です。
赤は、〝血〟を連想させたり、売上の〝赤字〟イメージにつながるなど、よい印象を持たれないこともあります。頭に入れておきましょう。

目がチカチカする配色になっていないか

黄色と白の配色とは逆に、コントラストが強い色どうしの組み合わせにも注意が必要です。「緑＋赤」「青＋オレンジ」などの配色は、目がチカチカして視認性が下がります。この現象は「ハレーション」といい、視覚的な不快感やストレスにつながります。ユーザーがコンテンツに集中するのを妨げたり、必要な情報にスムーズにたどりつけないなど、サイトの使い勝手が悪く離脱につながることもあります。
そのため、次のような配色やパターンには注意が必要です。

- 高コントラストの色の組み合わせ（「赤+緑」「青+オレンジ」など）
- 明度と彩度の高い色
- 細かい線やストライプ、ドット、チェック柄などのパターン
- 動きのある要素（速い動き、点滅するライト、背景の急激な変化など）
- 異なる色温度の色を隣接させた場合（たとえば暖色と寒色）

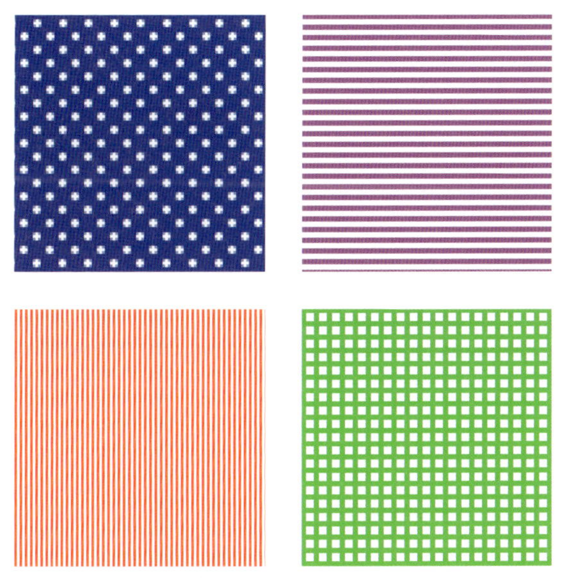

細かいパターンなどの例。色を抑えるなどして調整しましょう

Chapter 6-9

デザインのチェックポイント（文字組み・フォント）

文字サイズのジャンプ率

文字の大きさの差のことを「ジャンプ率」といいます。ジャンプ率を意識することで、テキストコンテンツに視覚的な階層を作り出し、ユーザーに情報を理解してもらいやすくすることができます。
文字サイズに強弱をつけることは意識していると思いますが、ジャンプ率が控えめになっている場合もよくあります。メリハリが足りないと感じたら、試しに文字サイズを調整してジャンプ率を高めてみましょう。ジャンプ率を高めることで文書にメリハリができ、躍動感やにぎやかな印象が生まれ、視線誘導をコントロールしやすくなる効果もあります。

ふわふわスリッパ

足を優しく包み込む、ふわふわの履き心地が魅力のスリッパです。肌触りの良い素材を使用しており、素足で履いても気持ちよく過ごせます。

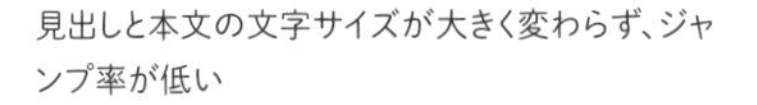

見出しと本文の文字サイズが大きく変わらず、ジャンプ率が低い

ふわふわスリッパ

足を優しく包み込む、ふわふわの履き心地が魅力のスリッパです。肌触りの良い素材を使用しており、素足で履いても気持ちよく過ごせます。

見出しの文字サイズが大きく、ジャンプ率が高い

縦組みに工夫できる文字はないか

ウェブ空間では横組みが主流のため、テキストの配置を縦組みに工夫することでデザインにアクセントが生まれ、視覚的な多様性を感じさせることができます。縦組みにすることで、制限のあるレイアウトやスペースを有効に活用できる場合もあります。
縦組みのテキストを取り入れる際には、読みやすさやアクセシビリティを損なわないように気をつけましょう。

手書き風の文字を使ってみる

縦組み同様、手書き風の文字を使うことで、デザインに変化を感じさせることができます。手書きの文字を加えることで、親しみやすさや柔らかい印象を与えることができます。
ちなみに、手書き文字を使うときのポイントは、手書きっぽく、斜めに傾けて配置することです。

白い文字がきちんと読めるか

写真や背景の上に乗せた白い文字が読みにくかったりしませんか。写真に白い半透明のフィルターをかけたようなデザインを見かけることがありますが、白よりも黒色の半透明を乗せるのがおすすめです。白い文字が読みやすくなるほかにも、白だとぼんやりとして引き締まらない印象が、黒にすることでデザインがスッキリとして写真にもツヤが出ます。

白の透過を重ねた場合

黒の透過を重ねた場合

背景のせいで文字が読みにくくないか

細い線やストライプ、ドット、チェック柄などの上に文字を重ねる場合、文字が読みづらくならないように気をつけましょう。読みにくい場合は、柄の配色を少し薄くするなど調整が必要です。
写真に文字を重ねる場合にも、できるだけ文字が読めるように背景を工夫します。

大事なボタンやメニューは目立つように

主要なリンクやアクションを起こしてもらいたいテキストは、サイズを大きくしたり、太くしたりして、目立つようにしましょう。他と強弱をつけることで、デザイン自体にもメリハリが出ます。

文字サイズはルールを決めておく

文字サイズが適切に管理されていると、情報の階層が明確になり、コンテンツの読みやすさが向上します。大見出し、小見出し、本文など、文字サイズの設定をルール化しておくことで、異なるページやセクション間でもデザインの統一感を維持できます。さまざまな文字サイズの過度な使用は、ジャンプ率があやふやになり、情報の階層がわかりにくくなります。

 行間や文字間は適切か

文字の行間や文字間は、見やすさや読みやすさはもちろんのこと、それだけでも雰囲気を伝える演出になります。行間や文字間がゆったりとしていると、全体的に落ち着きのあるリラックスした雰囲気に、逆に行間や文字間が狭いと、少し硬めのきっちりとした印象になります。
ゆったりしすぎると間延びしてデザインに締まりがなくなったり、狭すぎるとごちゃごちゃした感じがして読まずに進んでしまったりするため、バランスを見て適切な間隔に調整しましょう。

足を優しく包み込む、ふわふわの履き心地が魅力のスリッパです。肌触りの良い素材を使用しており、素足で履いても気持ちよく過ごせます。

行間や文字間が狭くて窮屈

足を優しく包み込む、ふわふわの履き心地が魅力のスリッパです。肌触りの良い素材を使用しており、素足で履いても気持ちよく過ごせます。

ゆったりとした余白で読みやすい

 センターぞろえは最後の行に注意！

センターぞろえで一番下の行が一文字二文字になってしまうとテキストブロックのバランスが悪く、デザインが不格好に見える原因となります。その場合、センターぞろえではなく左ぞろえにしましょう。改行位置を調整して最後の行だけ短くならないように調整するのもOKです。

ふわふわスリッパ

足を優しく包み込む、ふわふわの履き心地が魅力のスリッパです。肌触りの良い素材を使用しており、素足で履いても気持ちよく過ごせます。

センターぞろえだと最後の文字の配置が中途半端になる

ふわふわスリッパ

足を優しく包み込む、ふわふわの履き心地が魅力のスリッパです。肌触りの良い素材を使用しており、素足で履いても気持ちよく過ごせます。

左ぞろえだと最後の文字数が少なくても違和感がない

ふわふわスリッパ

足を優しく包み込む、ふわふわの履き心地が魅力のスリッパです。肌触りの良い素材を使用しており、素足で履いても気持ちよく過ごせます。

改行位置を調整して、一行の文字数をそろえられるとさらによい

フォントがデザインの雰囲気とあっているか

フォントにも個性があり、与える印象は異なります。フォントもデザイン要素のひとつと考えましょう。
フォントは、画像や色、レイアウトとともに全体のテイストを作り出します。個性的なフォントは、特定の感情や価値観をイメージさせることもあります。デザインの方向性とフォントが、ターゲットの好みや期待、サイトの方向性と一致しているか確認しましょう。

助詞や単位は小さく、数字は大きく

助詞（「は」「を」「が」「も」「に」など）や、単位を小さくすることで、伝えたいメッセージが強調されることもあります。また、数字を大きくすることでも、同様にデザインにメリハリを出すことができます。
小さなひと手間ですが、効果は意外と大きいです。

数字を大きく、助詞や単位を小さくするとメリハリが生まれる

読みやすさの3つの要素で最終チェック

「読みやすさ」には「可読性」「視認性」「判読性」という3つの要素があります。似ているようで異なる側面があるため、それぞれの角度で確認してみましょう。

- **可読性**

  テキストがどれだけ読みやすいか、あるいは内容を理解しやすいか

- **視認性**

  テキストやオブジェクトをパッと見たときに認識しやすいか

  明度やコントラストによって大きく影響される

- **判読性**

  個々の文字や単語を正しく確認・理解し、明瞭に識別できるか

  文字が個別に読み取りやすいか

デザイナー

Chapter
6-10 デザインのチェックポイント（余白）

メニューまわりの余白は広めに

メニューは、ユーザーがサイトの構造を理解し、目的のページにスムーズに移動するために重要なリンクです。メニューまわりの余白を広めにとることで、他の情報に気をとられずユーザーの注意を集中させることができます。クリックする際にも余裕ができるため、誤って隣接するメニューをクリックしてしまうリスクを減らすこともできます。
メニューとメニューの間の余白は均等にします。ここが狭かったり広かったりすると違和感を与えるからです。

MENU 1 ↔ MENU 2 ↔ MENU 3 ↔ MENU 4

メニュー間の余白は均一で広めにする

機能的な余白を考慮しているか

メニュー以外でも適切な余白は必要です。ボタンをクリックする、フォームに入力するなど、ユーザーが目的のアクションをスムーズに行えるよう、ボタンのサイズや入力スペースは適切な大きさを確保しましょう。余白を適切に設けることが機能的なレイアウトにつながります。

余白は、思うよりも広めにしてOK

余白は自分が思っているよりも広くとって大丈夫です。自分の想像する1.5倍くらいでちょうどいいかもしれません。
要素やセクションの上下などは、必ず同じ間隔で余白をあけるようにします（場合によって下のほうは広めでもOK）。余白の間隔はルールで整えられていると見やすいデザインになります。

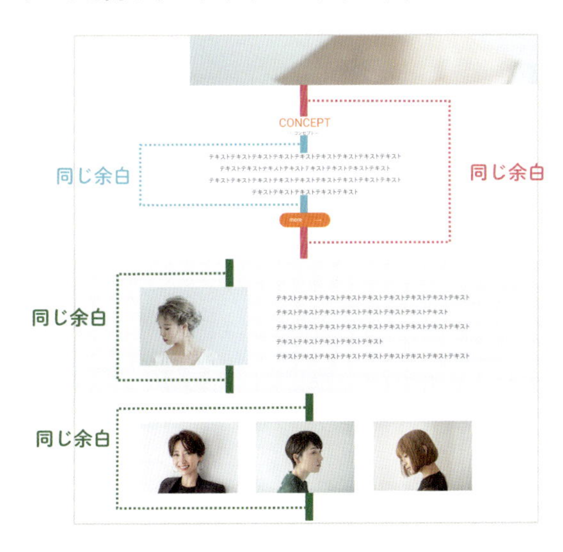

無意味な余白はカットする

セクション間に無意味な余白がある場合には、それをなくすデザインにできないか検討しましょう。

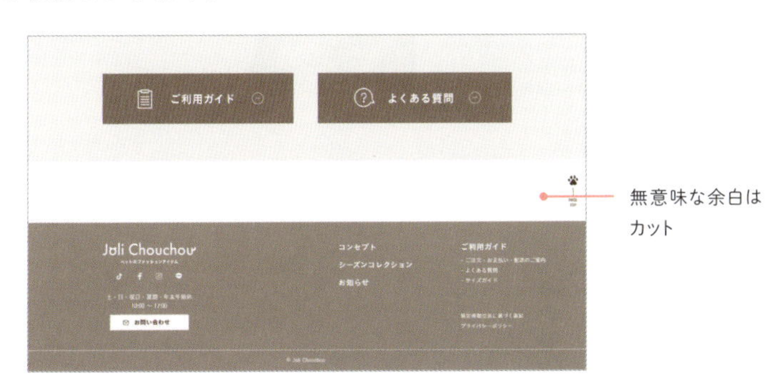

無意味な余白はカット

Chapter 6-11

デザインのチェックポイント（テイスト・世界観）

世界観を構築する

ウェブデザインを制作する際、サイトでアピールしたいサービスや商品の世界観を作ることはとても重要です。
世界観を作るためには、まず基盤となるモチーフやテーマを設定します。全体の方向性を決めやすくなり、デザインの細部にわたるアイデアも生まれやすくなります。たとえば、色や形、パターンなどのモチーフを設定すると、それに合わせたフォントや画像、レイアウトなど、一貫性のあるデザイン要素で作り込んでいくことができます。
世界観を作り込むことは、サイトを訪問したユーザーに強い印象を残すことにもつながります。

例：ゴルフ場のウェブサイト

ゴルフボールの背景、芝の色をイメージする緑の配色など、ゴルフ関連のモチーフでまとめている

フッターデザインもひと手間かけて「らしさ」を表現

「ページトップに戻る」ボタンにもゴルフの演出

感情を動かすデザインになっているか

人は感情が動いたときに行動します。ぱっと見たときに引き込まれるようなデザインにすることを心がけましょう。他社と差別化できているか、特徴をしっかりアピールできているかなども確認しましょう。テンプレートにはないような意外性やオリジナリティがあると、より印象に残りやすいサイトになります。

リアルの世界観と相違ないか

サイトを見て実際にお店などを訪れたユーザーが「ホームページと何か違う」と感じてしまうと、ユーザーはがっかりしてしまいます。実際の体験がホームページの印象と一致すると、ユーザーの期待とも一致するため、満足度が向上します。
リアルの世界観とできるだけ相違のないデザインを目指しましょう。

見た目だけを重視しすぎていないか

「おしゃれ」「かっこいい」などの見た目も大切ですが、「見やすい・わかりやすい・迷子にならない」ことはさらに重要です。見た目に囚われすぎず、ユーザビリティを意識したデザインを心がけましょう。

テーマやモチーフで統一感を

テーマやモチーフをサイト内のさまざまな要素に使うことで、統一感を出すことができます(P.43参照)。多少のアレンジを加えて使うことができないか検討しましょう。

Chapter 6-12

デザインのチェックポイント（あしらい）

ボタンのデザインは統一されているか

たとえば、お問い合わせや予約ページなどに誘導するコンバージョンボタンのデザインが、ヘッダーとフッターで異なっていたりしませんか。同じページに誘導するリンクであればデザインも同じにしておくことで、ユーザーが無意識のうちに「このボタンはあそこのページに移動できる」ことを理解し、ページの構造を理解できます。
ボタンのデザイン要素を統一することで、サイト構築時の作業も効率化され、将来的な更新やメンテナンスも容易になります。デザインのガイドラインに従って、ボタンを上手に流用することで、一貫性を保ちつつ作業負担も軽減できます。

イメージカットには特定要素を入れない

イメージカットを使う場合は、場所が広く認知されていて特定できるような風景や施設などが写っていないかを確認しましょう。実際の場所とイメージカットで使用されている場所が明らかに異なっている場合には、誤った情報を伝えてしまうことになります。

あしらいもジャンプ率を意識する

文字だけでなく、あしらいでもジャンプ率を意識してみましょう。控えめになっている場合には、ジャンプ率を高くして、視覚的な重みの変化をつけると、デザインにメリハリが出てリズム感や動きが生まれます。デザイン内でどの情報が重要か視覚的な階層がわかりやすくなるため、ユーザーを効果的に誘導することができます。

あしらいが中途半端になっていないか

あしらいが中途半端な大きさや配置、角度などになっていませんか。単にずれているだけなのか、意図があって変化をつけているのかがわかるようなデザインにしましょう。

視覚情報を意識したデザインになっているか

ワイヤーフレーム（情報設計）のレイアウトをそのまま装飾するのではなく、ユーザーにはどのように見えるか、魅力的に感じるか、直感的に理解しやすく再定義されているか、客観的に確認をしてみましょう。
クライアントによっては、視覚設計への再定義を行わず、ワイヤーフレームと同じレイアウトを希望される場合もあるので、受注時に確認やすり合わせをしておくと行き違いを防ぐことができます。

見出しのあしらいは統一されているか

見出しのスタイリングはルール化し、あしらいがバラバラになったり微妙にデザインが異なったりしないようにしましょう。見出しのあしらいを統一することで、サイトのデザインに一体感が生まれ、ユーザーが内容を理解しやすくなります。
すべてを同じにすると単調なデザインになってしまうため、どこかにイレギュラーな見出しを入れるのもおすすめ。イレギュラーな見出しにする部分は、他と明らかに異なっていることがわかる、意味があるものにしましょう。

デザイナー

何かを変更したら、周辺や全体バランスも確認

制作中に、変更や追加・削除などの指示が入ったときは、それだけを行うのでなく、バランスを見て周辺のデザインも調整しましょう。テキストをひとつ追加するだけでもバランスが変わってしまい、デザインに違和感が生じることがあります。入れるだけ、削除するだけではなく、周辺や全体のバランスもしっかり確認しましょう。

セクション間のつながりを意識しているか

ウェブサイトを上から下へと見ていくときに、スパっと切れたバラバラのデザインにならないよう、セクション間のつながりを意識しましょう。何かのあしらいでつないだり、背景をぼかしてそれとなくつなげたりして、つながりやストーリーがわかるようなデザインを心がけます。

各要素の役割が果たされているか

画像やテキストを置いただけのデザインになっていないかチェックしましょう。ウェブデザインは、主役となる要素（メインコピーや写真）、引き立て役要素（あしらいや補足情報）、背景要素（素材）のチームワークで、ひとつのビジュアルを作り上げていくようなイメージです。
各要素の役割を理解し、それぞれが正しく扱われているかを確認しましょう。

写真と文字が置いただけになっていて、それぞれの要素がバラバラな印象

リンクはわかりやすいか

リンクがあることがわかりにくいデザイン、逆にリンクがないのにあるようなデザイン（影が付いている、下線がある、リンクがある個所と同じデザイン）になっていませんか。
ユーザーが直感的に理解し、期待通りに操作できるよう「アフォーダンス理論」の概念を利用しましょう。アフォーダンス理論とは、人がオブジェクトを見たときに、そのオブジェクトがどのような行動や使用法を可能にしているかを直感的に理解できるという考え方です。
たとえばリンクのボタンでは「押す」というアフォーダンスを提供しています。ユーザーが見ただけで、ボタンだと認識ができ、押せることがわかるような設計（影をつけたり、押せる感を出したり、矢印のアイコンをつけたり）にすることが大切です。

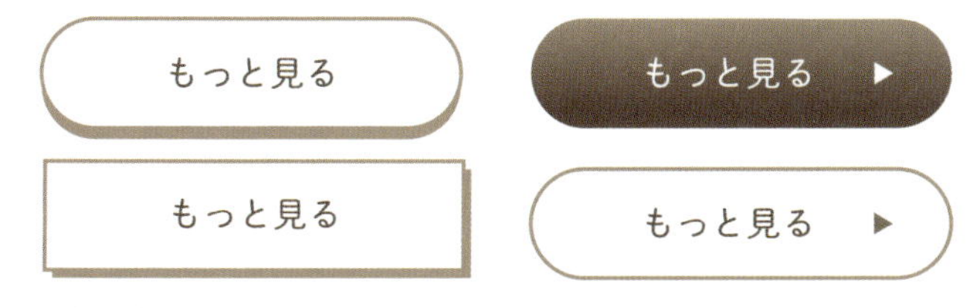

ボタンデザインの例。影や矢印をつけて、リンクであることが直感的にわかるように

線が多すぎたり、色が濃すぎたりしていないか

デザインに線を多用すると、ページが混雑して見え、どこか窮屈な印象になります。できるだけ線を使わずにデザインすることができないか、見直してみましょう（P.174④参照）。色についてもあまり濃い色ではなく、少し薄めの色にすることで視覚的なノイズを抑えることができます。

✓ アイコンのテイストは統一する

並べて使用するアイコンのテイストは統一するようにします。線のアイコンと塗りのアイコン、丸みのあるアイコンと硬い印象のアイコンなどを一緒に使うことは避けましょう。できればページ内、サイト内で使用するアイコンのテイストは、すべてそろえるようにしましょう。

線のアイコンと塗りのアイコンが混在している

線のアイコンで統一。線の太さも統一すると◎

影のあしらいは同じになっているか

サイト内、特に同じページ内の影のあしらいは、できるだけ同じ濃さ・方向・広さにしましょう。影がバラバラだと、デザインもバラバラとした印象になります。同じ光量が、同じ角度から降り注いでできる影になるように統一しましょう。また、影が濃すぎると暗い印象になるため、注意が必要です。

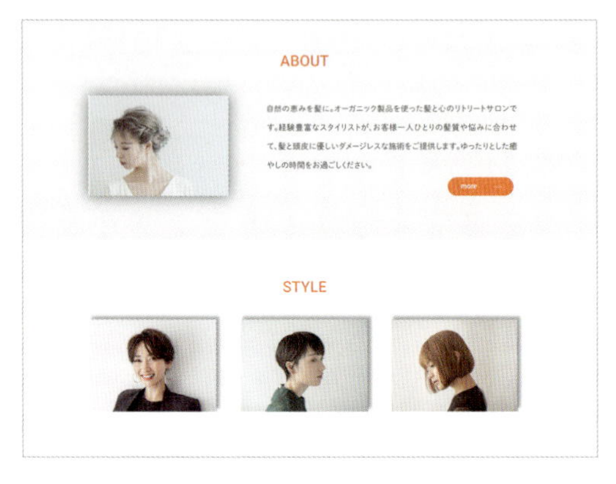

上と下の画像で影の設定が異なっている……

大きな画像でワンクッション入れてみる

デザインに工夫がほしいときには、思い切って大きな画像をブラウザ幅いっぱいに表示させられないか検討してみましょう。写真を大きく表示することで、視覚が一度リセットされ、デザインに変化を与えることができます。

大きな写真があると、視覚がリセットされる

どこか違和感がないか

人が矛盾を感じて不快感を覚えることを「認知的不協和」といいます。事実と違うことや、妙なちぐはぐ感がないか、ウェブサイト全体を見て確認しましょう。
人間が進化の過程で形成した本能的な反応を「原始的反応」といいます。たとえば、鋭い角は危険を示し、それを回避する本能を刺激します。一方、曲線や円は柔らかさと安全を示し、リラックスした感情を引き起こします。そのため親しみやすさや優しい雰囲気を伝えるサイトデザインに鋭い角を使っていたりすると、人は無意識のうちに不快感を抱きます。正反対の印象を持つ形状を一緒にデザインに盛り込むときには、このような心理的背景があることも考慮しましょう。

フッターまで手を抜いていないか

デザイン作業の終盤になると、作り込み具合も駆け足になることがあります。フッターもデザインの工夫が光る部分なので、もっとよくすることができないか、もう一度考えてみましょう。
それほど目を引くところではありませんが、さまざまな目的があって作られるので、情報の優先順位や使い勝手、グルーピングなどを考慮して、組み立てを確認してみるとよいです。

フッターの役割

・他のページへリンクするためのメニュー
・企業情報の表示（ロゴ、住所、電話番号など）
・サイトマップの要素
・お問い合わせなどへの導線として

 あしらいもそろえる

「そろえる」というと、配色や配置をそろえることを思い浮かべますが、あしらいもそろえることを意識しましょう。
人は何かを見たときに、無意識のうちに「まとまり」として認識する傾向があり、「群化の法則」と呼ばれます。これは脳が処理を減らすために、見たものをグループ化して知覚しようとするためです。
あしらいにも群化の法則を上手に活用しましょう。たとえば、見出しのあしらいはルールに沿っていてブレていないか、モチーフはいろいろなものを多用するのではなく一貫性を保てているか、他にも線の太さをそろえたり、モチーフのかたちをそろえるなど、小さなあしらいのひとつひとつにも気を配ることが、デザイン全体の統一感につながります(P.130参照)。

 写真の中の余計な情報は削除する

基本的に、写真はそのまま使わず加工・トリミングなどをしてから使いましょう。余計な情報を排除し、必要なところだけを使うことでスッキリし、伝えたい情報を引き立てることができます。
撮影した写真で下記のような情報が入っている場合には、適切な処理が必要です。

- 関係者ではない人物
- 関係のない企業や団体のロゴや製品名、商品名、サービス名等が入ったもの（ペットボトルなど）
- 車のナンバー
- 個人情報のわかるもの（名札など）
- 壁やパソコン、卓上のにあるメモやカレンダー、書類など
- パソコンのモニターやテレビ画面
- 見た目に好ましくないもの
- 他社のロゴやキャラクター

アイコンなどのアイキャッチでわかりやすく

文字情報ばかりになってしまうと、ユーザーが読む前に挫折して、目を留めてもらうことすらできなくなってしまうことがあります。それを防ぐために役立つのがアイコンなどのアイキャッチです。
複数の情報を併記するときに、それぞれを表現するアイコンや数字のワンポイントなどをつけると、アイキャッチとして目を留めるだけでなく、パッと見たときの印象が柔らかくなります。また、アイコンによって、どのような内容が書かれているかをあらかじめ伝えることもできます。

ロゴマークのあしらいには注意が必要

ロゴマークを使ったあしらいは、「らしさ」を表現するのに有効ですが、ロゴの利用についてルールが決まっている場合もあるので注意が必要です。
色を変更するのがNGなのはもちろんのこと、他の図形や文字と組み合わせてはいけなかったり、ロゴの一部を切り取ったり欠けさせる配置、回転や変形なども制限されている場合があります。
すべてがだめということではないため、発注者にロゴの使用規定について確認をしてみましょう。

ロゴの禁止使用例

- 図形や文字をかぶせたり、周辺に配置する
- 縁取りをする
- 斜体、長体、平体などの変形や、傾けたり逆さまにする
- 配色の変更
- 字間を変更する
- ロゴマークを文中に組み込む

Afterword ［あとがき］

本書は当初、デザイン添削の本として書きまとめていた原稿を「これはプロセスなんですよねー」と編集者の平松さんにご助言いただいたことで、「プロセスBook」として誕生しました。
「なぜこのデザインになったのか？」その理由や背景を知り、経験を積み重ねていくことは、きっとデザイン制作の成長につながるはずです。
最後に、デザイン制作の過程で必要となるチェックバックについて、添削者のみなさんへコミニュケーションのヒントをまとめました。参考になることがありましたらうれしいです。

成長と学びのために

「デザイナー」と一口に言っても、さまざまなタイプの人がいます。視覚優位のタイプ、反対にそうでない人、添削の指示が細かいほうがいい人、ざっくりでもわかる人。添削者は、デザイナーのタイプにあわせて、チェックバックやコミュニケーションを調整する必要があります。
このなかで「添削の指示が細かいほうがいい人」には注意が必要です。細かく、直接的な指示を出しすぎてしまったり、作例を見せてしまうと、デザイナーが言われたままに対応し、自分で考えるクセがつかず、創造性が身につかないからです。
自分で調べ、自分で考えることがデザイナー自身の学びになります。納期や工数の制限のなかで、時間がないことも多いと思いますが、添削者はデザイナーの成長のために、少し時間をかけてあげてください。
考えてもらう幅をもたせる言葉として、具体的な指示ではなく「～してみるのもよさそう」といった伝え方をするのもおすすめです。

また、添削者が指示を出してみたけれど、その通りにやってみても、あまりよくなかった、ということだってあります。デザインに完全な正解はありません。コミュニケーションを重ねていき、よりよいデザインを作り上げていきましょう。

「一緒に仕事をする」ということ

デザイナーとのやりとりに関わらずですが、コミュニケーションは「これで解決できる」と思っていることがわたしのなかにひとつあります。
昔、アメリカのホーソン工場で行われた社会心理学的研究で、作業環境が従業員の生産性に与える影響を調べたことがありました。「ホーソン実験」と呼ばれるそれは、作業を依頼した人に対し「あなたのことを気にかけていますよ」という態度が示されることにより、相手はモチベーションを高め、生産性が向上することがわかったという話です。
要は「丸投げしない」ということ。仕事を依頼した相手に対し「あとはこれでやってくださいね」ではなく、「こういう準備をしたけど大丈夫そうですか」「足りないことや困りそうなことはないですか」「わたしはあなたと一緒に仕事をしてますよ」「あなたひとりに責任を負わせることはないですよ」と、ここまで言うと極端ですが、わたし自身もふだん、そういったスタンスでパートナーさんとのお仕事をしています。
これは手取り足取り教えて世話を焼くといったことではなく、相手に任せっきりにしない、平たく言うと「一緒にいい仕事をしていきましょう!」ということ。このコミュニケーションができていると、チェックバックのやりとりにも壁がなくなります。すこしずつでもぜひ、取り入れてみてください。

添削の言葉には配慮を

私も、チェックバックをもらう立場のデザイナーだった時期もあります。だから、すごくよくわかるのですが、まわりが思っている以上にデザイナーは言葉に対して敏感です。そのため、チェックバックの言葉はできるだけ配慮をした伝え方をしています。

本書の解説では、（紙面的な制限もあるため）簡潔な文章でまとめていますが、実際のチェックバックではクッション言葉が入っていたり、言い切りになっていないことも多くあります。基本的に添削は否定する内容となるため、チェックバックに対するデザイナーの本音はポジティブなものではありません。デザイナーが添削されることは苦ではなく楽しいこと、添削者が上から目線で指示を出すようなものではなく、良いものを一緒に作り上げていくために、対等に、一緒に考えていく工程として捉えてもらえる認識が広がると、うれしく思います。

添削の色を変えてみる

ツールを使う場合は別ですが、手書きでチェックバックの際に使う色といえば赤色が定番ですね。デザインの色に負けて添削部分がわかりにくくならないよう、強い赤色を使うことは理にかなっています。
しかし、赤は本能的に危険や注意を促す色でもあります。そのため、見た人に否定的な感情を与えることがあります。チェックバックは必ず赤色というわけではありません。デザインの配色やコミュニケーションのことも考えて、他の色を使ってみるのもいいかもしれません。

「修正」という言葉は使わない

私はふだんからデザインのチェックバックに限らず、「修正」という言葉を使いません。変更や直しの依頼などはすべて「調整」で統一しています。「修正」は、よくない点を改めるという言葉です。発注側の不備や意向にも関わらず「修正してください」と言われてしまうと相手は違和感を覚えます。デザイナーは言葉に対して敏感です（2回め）。些細なことですが、よりよいコミュニケーションのためにぜひ気をつけてみましょう。

「それってあなたの感想ですよね?」にならないために

チェックバックの際には「なぜそのように直してほしいのか」の説明を添えるようにしましょう。添削者の個人的な感想や好みなどではなく「このようにしたい」という目的や成果につながる根拠を示すことで、デザイナーが本質的な意図を理解し、ブラッシュアップに反映することができます。

最後までお読みいただき、ありがとうございました。
本書が今後のみなさんのデザインワークのお役に立てればうれしいです。

加藤 千歳

加藤 千歳　Kato Chitose

株式会社 BISCOM 代表取締役

ウェブディレクター／アートディレクター

https://www.biscom.jp

山梨県出身・在住。

1997 年から独学で Web 制作をはじめ、その後フリーランスの Web デザイナーに。

企業コンセプトの開発、Web での戦略設計までをおこなうデザイン事務所として個人事業を経て、株式会社 BISCOM を設立。

これまでのデザイン制作の経験をもとにした「ワイヤーフレームとカンプの比較」「ウェブデザイン解説」など、Web デザインにおける情報を積極的に発信し、Web やデザインに関する寄稿、執筆、セミナー登壇等も行っています。

X：https://x.com/ChitoseWatanabe

note：https://note.com/chitosekato

YouTube：https://www.youtube.com/@ChitoseKato

web：https://chitosekato.design

note のメンバーシップでは、デザインのチェックバックも行っています。本書特典のワイヤーフレームをもとに制作したデザインをぜひお寄せください。

Special Thanks!

作例協力	岩澤 雄大／小出 直美／鈴木 祐美 だいじ／ tomoyo ／七草 つめ／まどか
作例設定	TEAM BISCOM ／丸山 千恵美／芦田 知江
ブックアシスタント	樋川 けい子
DTP 協力	安達 貴仁（ブッククリエイターあしのすけ）

デザイナーは何を考え、どう作っていくのか？

Webデザインプロセス Book

2024年11月8日　初版第1刷発行

著　　者　加藤 千歳

デザイン　武田 厚志（SOUVENIR DESIGN INC.）
編集制作　鴨 英幸（confident inc.）

発 行 人　片柳 秀夫
編 集 人　平松 裕子

発　　行　ソシム株式会社
https://www.socym.co.jp/
〒101-0064
東京都千代田区神田猿楽町1-5-15猿楽町SSビル
TEL：03-5217-2400（代表）
FAX：03-5217-2420

印刷・製本　シナノ印刷株式会社

定価はカバーに表示してあります。
落丁・乱丁本は弊社編集部までお送りください。
送料弊社負担にてお取替えいたします。

ISBN978-4-8026-1488-7